MATHEMATISCHE ANALYSE DES RAUMPROBLEMS

VORLESUNGEN
GEHALTEN IN BARCELONA UND MADRID

VON

Dr. HERMANN WEYL

**PROFESSOR DER MATHEMATIK A. D. EIDGEN.
TECHN. HOCHSCHULE ZÜRICH**

MIT 8 ABBILDUNGEN

BERLIN

VERLAG VON JULIUS SPRINGER

1923

ISBN-13:978-3-642-90574-2   e-ISBN-13:978-3-642-92431-6
DOI: 10.1007/978-3-642-92431-6

D. ESTEBAN TERRADAS

zugeeignet.

Verehrter Freund! Nehmen Sie dieses Buch — das in so enger Beziehung steht zu meinem in erster Linie durch Sie veranlaßten Aufenthalt in Barcelona im März vorigen Jahres — von mir entgegen als ein Zeichen der Dankbarkeit, herzlicher Sympathie und höchster Achtung für Ihre Person, zugleich aber auch als ein Zeichen der Bewunderung für das aufbauende Werk, das Sie mit Ihren Arbeitsgefährten zusammen im Dienste der Technik, der Wissenschaft und des Unterrichts in Katalonien errichtet haben! Niemals und nirgendwo, will mir scheinen, habe ich so harmonisch wie dort miteinander verwachsen gefunden guten, ja begeisterten Willen, klaren Blick für das Erforderliche und Erreichbare, nüchterne Arbeitsenergie. Ein befruchtender Strom vielseitiger, kräftiger und zu freier Selbständigkeit fortschreitender Bildung hat sich von Ihrer Tätigkeit aus auf die Menschen und Dinge Ihrer Umgebung ergossen. Möge der Blüte eine reiche Ernte folgen!

Vorrede.

Dies Büchlein enthält fast wörtlich die Vorlesungen, welche ich im Frühjahr 1922 auf Einladung des Consell de Pedagogia der Mancomunitat de Catalunya im Institut d'Estudis Catalans, Barcelona, und dann in der Universidad Central zu Madrid auf Einladung ihrer Facultad de Ciencias gehalten habe — dort in französischer, hier größtenteils in kastilischer Sprache. Von dem erstgenannten Institut werden sie im Rahmen der bekannten Col·lecció de Cursos de Física i Matemàtica auf katalonisch herausgegeben. War es nur persönliche Entlastung für mich, der mühsam und unfrei unter dem Druck eines fremden Idioms dahinkeucht, wenn ich dem Drang nachgab, sie nun auch, ins geliebte Deutsch rückübersetzt, zu veröffentlichen? Ich denke mir diese kleine Monographie in erster Linie als eine Ergänzung des Buches »Raum, Zeit, Materie« (5. Aufl., Julius Springer 1923). Die tiefere, der Gruppentheorie sich bedienende Auffassung des Raumproblems ist dort nur kurz gestreift worden, weil Physik und Relativitätstheorie mit ihren unmittelbaren Erfordernissen die Szene beherrschten; das wird hier nachgeholt. Eine knappe Rekapitulation des schon dort gegebenen Aufbaus der Infinitesimalgeometrie (in der 2. und 3. Vorlesung) war unvermeidlich; vielleicht ist es diesem oder jenem Leser angenehm, hier das rein Geometrische, losgelöst vom Tensorkalkül, beisammen zu haben. Ausführliche mathematische Ergänzungen wurden den Vorlesungen in einem Anhang neu hinzugefügt, der fast ebensoviel Raum einnimmt wie diese selbst. Die Zusätze enthalten insbesondere eine die Grundzüge entwickelnde Einführung in die Integrabilitätstheorie der totalen Differentialgleichungen, Lies Theorie der kontinuierlichen Transformationsgruppen und in die Elementarteilertheorie; damit hoffe ich den deutschen Studierenden einen nützlichen Dienst zu erweisen. Für die Aufnahme eines vollständigen Beweises jenes gruppentheoretischen Hauptsatzes, auf welchen die Analyse des Raumproblems hinausführt, entschied ich mich erst, nachdem es mir gelungen war, den ersten Beweis (Mathematische Zeitschrift **12**, S. 114) weitgehend zu vereinfachen. Unter dem Einflusse dieses neuen Beweises hat auch die 8. Vorlesung eine durchgreifende Umänderung erfahren müssen.

Es drängt mich, auch an dieser Stelle den einladenden Behörden und allen Freunden in Madrid und Barcelona für die außerordentlich gastfreundliche Aufnahme in ihrem Lande zu danken. Möge sich der Austausch der Gedanken und Kulturgüter zwischen dem deutschen Geist und Spanien, dessen Regsamkeit auf allen Gebieten der Wissenschaft und Kunst neu erwacht ist, immer fruchtbarer gestalten!

Zürich, im April 1923.   H. Weyl.

Inhaltsverzeichnis.

Erste Vorlesung.

An der Wirklichkeit unterscheiden wir mit KANT den *qualitativen Inhalt* von seiner *Form*, der räumlich-zeitlichen Ausbreitung, welche erst ein Verschiedenerlei von Qualitativem ermöglicht. Ein Körper kann, ohne seine inhaltliche Beschaffenheit zu ändern, indem er genau so bleibt, wie er war, statt hier auch an einem beliebigen anderen Ort im Raum sich befinden. Im extensiven Medium der Außenwelt (wozu wir außer dem Raum auch die Zeit rechnen) ist es auf solche Weise möglich, daß Dinge individuell verschieden sind, die ihrem Wesen, ihrer Beschaffenheit nach einander gleich sind. Damit ist die Idee der Kongruenz gegeben: Zwei Raumstücke $\mathfrak{S}$, $\mathfrak{S}'$ sind kongruent, wenn derselbe materielle Gehalt, welcher $\mathfrak{S}$ erfüllt, ohne in irgendeiner seiner sinnlich erlebbaren Beschaffenheiten ein anderer zu werden, ebensogut das Raumstück $\mathfrak{S}'$ erfüllen kann. In den Beziehungen der Kongruenz gibt sich eine gewisse Struktur des Raumes kund, die metrische Struktur, welche nach gewöhnlicher Auffassung dem Raume ein für allemal fest zukommt, unabhängig davon, was für materielle Geschehnisse in ihm sich abspielen. Wir haben somit dreierlei zu unterscheiden: 1. den Raum, oder allgemeiner, mit Hinzunahme der Zeit, *das extensive Medium der Außenwelt*, 2. dessen *metrische Struktur*, 3. seine *materielle Erfüllung* mit einem von Stelle zu Stelle veränderlichen *Quale*. Das philosophische Raumproblem besteht zunächst darin, die Unterscheidung und das gegenseitige Verhältnis dieser drei Momente an der Wirklichkeit, ihre Rolle beim Aufbau der Wirklichkeit richtig zu erfassen. So ist es z. B. eine Streitfrage, ob tatsächlich, wie KANT will, das räumliche Nebeneinander eine auf nichts anderes zurückführbare, in ihrem rätselhaften Wesen einfach hinzunehmende Form der Anschauung ist, oder ob diese dem qualitativen Inhalt gegenübergestellte Form nur ein Fetisch ist, der genauerer psychologischer Analyse nicht standhält; ob es richtig ist, von einem einzigen Anschauungsraum zu reden oder von verschiedenen Sinnesräumen (Tastraum, Sehraum); u. dergl. Weiter handelt es sich in der Philosophie darum, die metaphysische Herkunft und Bedeutung des Raumes zu verstehen; steckt man sich das Ziel so hoch, wie es der Metaphysiker, der ungeduldigste unter den Wissenschaftlern, gerne tut, so möchte man am liebsten die Notwendigkeit des Raumes und seiner Eigenart aus der Idee der im Bewußtsein gegebenen Wirklichkeit heraus begreifen. Ein besonderes erkenntnistheoretisches Problem gibt sodann die Natur der geometrischen Erkenntnis, ihre scheinbare oder wirkliche Apriorität dem philosophischen Denken auf. Wie kommt es, daß den Sätzen der Geometrie eine so große Überzeugungsgewalt innewohnt, selbst für denjenigen, der keine oder nur ganz unzulängliche Experimente über ihre Richtigkeit angestellt hat? Von diesem Problem nimmt bekanntlich KANTS »Kritik der reinen Vernunft« ihren Ausgang.

Für den Mathematiker handelt es sich darum, das quantitativ Erfaßbare, die im Wesen des Raumes und der räumlichen Struktur gründenden *Relationen,* soweit sie mit den Denkmitteln der *Logik, Arithmetik und Analysis* erfaßt werden können, und ihre mit diesen Hilfsmitteln ausdrückbaren gesetzmäßigen Zusammenhänge aufzudecken; ferner die einfachsten Postulate zu ermitteln, aus denen sich die Notwendigkeit der so zustande gekommenen Raumtheorie durch logisch-arithmetische Schlüsse ergibt. Die Resultate solcher Analyse darf der Philosoph nicht beiseite schieben. Ich wenigstens bin fest davon überzeugt, daß auf diesem Felde mathematische Einfachheit und metaphysische Ursprünglichkeit in enger Verbindung miteinander stehen.

Vom *Wesen des Raumes* bleibt dem Mathematiker bei seiner Abstraktion nur die eine Wahrheit in Händen: daß er ein dreidimensionales Kontinuum ist. Hält man sich an das die Zeit mit umfassende vollständige extensive Medium, so erhöht sich die Dimensionszahl auf vier. Die großen anschaulichen und begrifflichen Schwierigkeiten, welche dieser Formulierung noch anhaften, lassen wir beiseite. Ist es doch ohnehin meine Absicht, in den gegenwärtigen Vorlesungen nur von der mathematischen Analyse der *Raumstruktur* zu sprechen, die eine wesentlich reichere Ausbeute liefert.

Die Aufgabe wurde bekanntlich zuerst in vollständiger Weise von den Griechen gelöst. Kein Lehrgebäude war je so gut fundiert und an keines ist so lange und mit so selbstverständlicher Sicherheit geglaubt worden, wie an das *System der Euklidischen Geometrie.* Auch wir stellen uns hier zunächst auf den Standpunkt, daß in ihm die Wahrheit über die Raumstruktur enthalten ist. Es zeigte sich, daß die Raumstruktur nach ihrer quantitativ erfaßbaren Seite hin etwas vollkommen Rationales ist. Anders als etwa bei einem wirklichen Einzelding, wo wir immer von neuem aus der Anschauung schöpfen müssen, um immer neue, nur in deskriptiven Begriffen vagen Umfangs beschreibbare Merkmale an den Tag zu heben, läßt sich die Raumstruktur mit Hilfe weniger exakter Begriffe und in wenigen Aussagen, den Axiomen, erschöpfend kennzeichnen, derart, daß jede wahre geometrische Aussage sich als eine Folge der Axiome ergibt.

Ich schildere zunächst kurz die *elementare Richtung der axiomatischen Wissenschaft vom Raum*, wie sie durch die »Elemente« des EUKLID und (um ein ebenbürtiges modernes Beispiel zu nennen) die »Grundlagen der Geometrie« von HILBERT repräsentiert wird. Hier wird nicht der eigentliche Fundamentalbegriff der Geometrie, die Gruppe der kongruenten Abbildungen, analysiert, sondern man hält sich an gewisse abgeleitete, aber dem gegenständlichen Denken näherstehende Begriffe, als da sind: *gerade Linie, Inzidenz von Punkt und Gerade*, u. dergl. Eine befriedigende systematische Ordnung ist in diesen Aufbau meines Erachtens erst gekommen durch die Ausbildung der projektiven Vorstellungen und die independente Begründung der projektiven Geometrie, welche wir v. STAUDT und KLEIN verdanken.

Am leichtesten läßt sich eine Übersicht gewinnen, wenn man die Verwendung der analytischen Methode, des »Zahlenraumes«, nicht verschmäht. Erläutern wir dies näher an der *vierdimensionalen Welt*, von welcher wir annehmen, daß sie mit der ihr durch die spezielle Relativitätstheorie zugeschriebenen Struktur ausgestattet sei. Das ist die der EUKLIDschen Raumgeometrie entsprechende MINKOWSKISCHE Weltgeometrie. Sie bietet uns — gegenüber dem EUKLIDischen dreidimensionalen Raum — den Vorteil, daß die von einem Punkt ausstrahlenden Linienelemente von der Länge o einen *reellen* Kegel bilden. Die Grundbegriffe, welche am zweckmäßigsten zum axiomatischen Aufbau der MINKOWSKISCHEN Geometrie verwendet werden, sind außer den, noch keine Strukturmomente enthaltenden Begriffen des Punktes und des stetigen Zusammenhanges der Punkte die folgenden beiden: 1. die gerade Linie, 2. das Nullelement. Unter einem Element verstehe ich hier einen Punkt mit einer von ihm ausgehenden Richtung. Die Nullelemente sind die längenlosen Elemente. Sie geben in der Welt die Richtung eines sich fortpflanzenden Lichtsignals an. Die geraden Linien — wenigstens diejenigen mit zeitartiger Richtung — werden in der Welt gegeben durch die Bewegungen isolierter Massenpunkte, die unter keiner Kräfteeinwirkung stehen. Im »CARTESISchen Bildraum«, d. i. im Kontinuum der reellen Zahlquadrupel $x_0\,x_1\,x_2\,x_3$ verstehen wir unter gerader Linie jenes eindimensionale Kontinuum von Punkten, das sich ergibt, wenn man die Koordinaten x_i als lineare Funktionen eines Parameters ansetzt, unter Nullelement eine Richtung $dx_0 : dx_1 : dx_2 : dx_3$, für welche

$$dx_0^2 - (dx_1^2 + dx_2^2 + dx_3^2) = \text{o}.$$

[Als Zwischenbemerkung füge ich hinzu: Ist das Nullelement auf diese Weise festgelegt, so drückt sich das Senkrechtstehen zweier Richtungen $dx_0 : dx_1 : dx_2 : dx_3$ und $\delta x_0 : \delta x_1 : \delta x_2 : \delta x_3$ im CARTESISchen Bildraum bekanntlich durch die bilineare Gleichung aus:

$$dx_0\,\delta x_0 - (dx_1\,\delta x_1 + dx_2\,\delta x_2 + dx_3\,\delta x_3) = \text{o}.$$

Im Falle des EUKLIDischen Raumes, wo die Nullelemente nicht reell sind,

wird man sich statt auf den Begriff des Nullelements auf diesen komplizierteren (weil von zwei Linienelementen handelnden) Begriff des Senkrechtstehens stützen müssen. Analytisch ist ja der eine dem anderen im
gleichen Sinne äquivalent wie quadratische Form und symmetrische Bilinearform]. Nachdem dies vorausgeschickt ist, können wir, zur Minkowskischen Geometrie zurückkehrend, die geometrische Struktur der Welt
vollständig durch die folgende Aussage charakterisieren: *Es lassen sich in
ihr vier solche Koordinaten $x_0\,x_1\,x_2\,x_3$ einführen, sie läßt sich so auf einen
Cartesischen Bildraum stetig abbilden, daß dabei 1. jede gerade Linie in
eine gerade Linie, 2. jedes Nullelement in ein Nullelement übergeht.* Diese
Aussage bleibt gültig, auch wenn wir sie nur auf ein begrenztes Weltstück $\mathfrak{S}$ beziehen. Wissen wir, daß dessen Gerade und Nullelemente
die genannten Bedingungen erfüllen, so besitzt $\mathfrak{S}$ notwendig die Euklidisch-
Minkowskische Struktur. Durch die erste Bedingung allein ist die Welt
als ein vierdimensionaler *projektiver Raum* (im Sinne der elementaren
projektiven Geometrie) charakterisiert. Denn die einzigen stetigen Abbildungen des Cartesischen Raumes auf sich selber, welche gerade Linien
in gerade Linien überführen, sind die projektiven, d. h. diejenigen Abbildungen, die sich bei Benutzung homogener Koordinaten als homogene
lineare Transformationen darstellen. Dieser Fundamentalsatz der projektiven Geometrie ist auch dann noch gültig, wenn es sich nicht um die
Abbildung des ganzen Raumes auf sich selber handelt, sondern um die
Abbildung eines Raumstücks auf ein Raumstück. Sein Beweis beruht
auf der *Möbiusschen Netzkonstruktion*, die ich hier kurz beschreiben will*).

Zu einem Cartesischen Koordinatensystem (xy) in der Ebene (um
zeichnen zu können, halte ich mich an den zweidimensionalen statt den
vierdimensionalen Fall) gehört ein quadratischer Raster; bestehend aus
den Geraden
$$x = \text{ganze Zahl}$$
und den Geraden
$$y = \text{ganze Zahl.}$$
Wir tragen außerdem als Hilfslinien die Diagonalen
$$x + y = \text{ganze Zahl}$$
in die Zeichnung ein. Durch projektive Verallgemeinerung erhalten wir
daraus den daneben gezeichneten »projektiven Raster«. Einander entsprechende Punkte und Geraden sind durch gleiche Buchstaben bezeichnet;
die gestrichelte Gerade ist das Analogon der unendlichfernen. Man sieht
nun ohne weiteres, wie aus der schraffierten viereckigen Zelle, welche
dem Einheitsquadrat entspricht, allein vermöge der Operation des Verbindens zweier Punkte durch eine gerade Linie der ganze projektive Raster
erzeugt werden kann. Man kann die verschiedenen Geraden, nachdem
die »unendlich ferne« durch Verbindung von X und Y und auf ihr der

---

*) Möbius, Der baryzentrische Calcül (Leipzig 1827, oder Werke, Bd. I) Kap. 6 u. 7.

»Diagonalpunkt« D als Schnitt mit der Diagonale $d_1 = E_x E_y$ gefunden ist, in der folgenden Reihenfolge konstruieren:

$$d_2, \; x_2 y_2; \quad d_3, \; x_3 y_3; \quad d_4, \; x_4 y_4; \quad \ldots$$

Auch ist es durch dieselbe Operation ohne weiteres möglich, den Raster

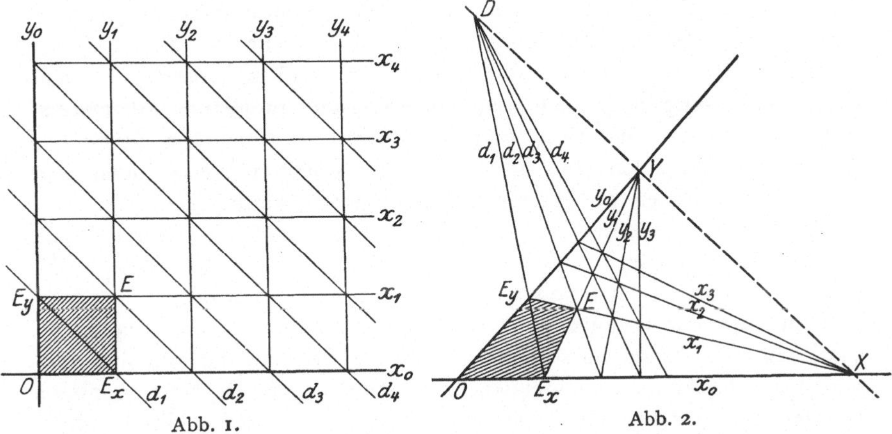

Abb. 1.　　　　　Abb. 2.

z. B. im Verhältnis $3 : 1$ zu unterteilen, d. i. dasjenige Netz zu bilden, dessen Gitterpunkte die Koordinaten $\left(\dfrac{m}{3}, \dfrac{n}{3}\right)$ haben (m und n ganze Zahlen). Die Konstruktion der zu diesem feineren Raster gehörigen Einheitszelle ist in den Abb. 3 und 4 angegeben: durch Verbindung von O

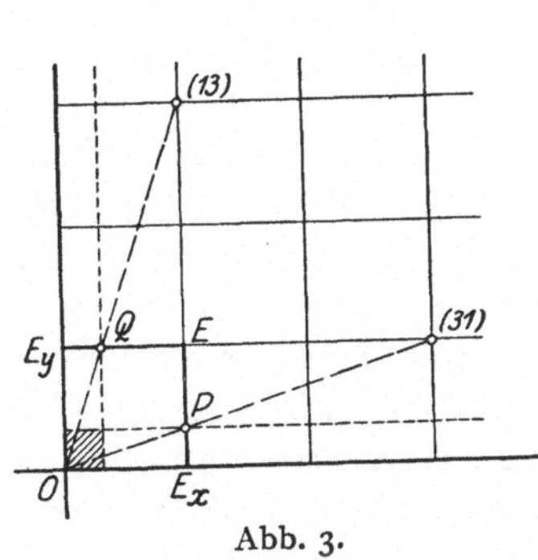
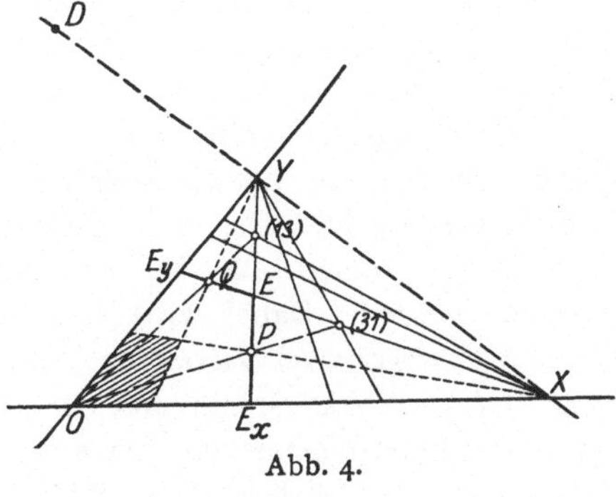

Abb. 3.　　　　　Abb. 4.

mit den Gitterpunkten $(3, 1)$ und $(1, 3)$ des ursprünglichen Rasters findet man die Punkte P und Q. An Stelle des Nenners 3 kann natürlich jede andere ganze Zahl treten. Und so erhalte ich schließlich durch die Netzkonstruktion aus den Elementen des projektiven Koordinatensystems, nämlich dem Grunddreieck OXY und dem Einheitspunkt E jeden beliebigen Punkt, der in diesem System rationales Koordinatenverhältnis besitzt.

Daraus ergibt sich der Satz: Geht bei einer Abbildung eines Raum-
stücks $\mathfrak{S}$ auf ein Raumstück $\mathfrak{S}'$ jede Gerade in eine Gerade über, so
geht jeder Punkt, dessen Koordinatenverhältnis $x_1 : x_2 : x_3$ rational ist,
dabei in einen Punkt mit dem gleichen Koordinatenverhältnis über, vorausgesetzt natürlich, daß ich in $\mathfrak{S}$ und $\mathfrak{S}'$ projektive Koordinatensysteme
$OXY\,|\,E$, $O'X'Y'\,|\,E'$ benutze, die durch die Abbildung auseinander
hervorgehen. Ist die Abbildung stetig, so fällt die Beschränkung auf
rationale Koordinaten fort, und damit ist der Fundamentalsatz bewiesen.
Diese Betrachtung zeigt auch, daß ein Raumstück projektiven Charakters,
d. h. ein solches, das sich stetig und geradentreu auf ein Stück des
Zahlenraumes abbilden läßt, in eindeutig bestimmter Weise ideell zum
vollen geschlossenen projektiven Raum erweitert werden kann.

Nachdem so erkannt ist, daß durch den Begriff der Geraden die
Gruppe aller stetigen Abbildungen eingeengt wird zu der Gruppe der
projektiven, gilt es jetzt weiter, durch den zweiten, den Begriff des Nullelements aus der Gruppe der projektiven Abbildungen die Gruppe der
ähnlichen Abbildungen auszuscheiden. In der Tat sind die von den verschiedenen Punkten ausstrahlenden Kegel der Nullgeraden die von diesen
Punkten aus gewonnenen Projektionen eines und desselben in der dreidimensionalen unendlich fernen Ebene gelegenen zweidimensionalen Kegelschnitts. Die Nullelemente legen also die unendlich ferne Ebene und in
ihr den »absoluten Kegelschnitt« fest. Die Festlegung der unendlich
fernen Ebene bedeutet den Abstieg vom *projektiven* zum *affinen*, die
Festlegung des absoluten Kegelschnitts in ihr den Abstieg vom *affinen*
zum *metrischen* Standpunkt.

Will man sich von der Verwendung des Zahlenraumes und der in
ihm analytisch definierten Geraden befreien, so hat man zunächst die
Aufgabe, die geometrischen Eigenschaften von geraden Linien und ihre
Lagebeziehungen so vollständig zu beschreiben, daß daraus die Abbild-
barkeit des Systems der Geraden auf die Geraden des Cartesischen Bild-
raumes hervorgeht. Das Analoge muß dann für die Nullelemente vermöge deren geometrischer Eigenschaften und Beziehungen zu den Geraden
geleistet werden. Dabei wird man mit Klein fordern dürfen, daß auch
hier nur *Aussagen zur Verwendung kommen, welche sich auf ein begrenztes Weltstück beziehen.* Vom Standpunkt der *Erkenntnis* aus, welche die Beziehung
zur Wirklichkeit niemals aus den Augen verlieren darf, ist diese Forderung
offenbar sehr natürlich und berechtigt. In *rein logischer* Hinsicht muß man
freilich zugeben, daß damit eine erhebliche Einbuße an Einfachheit und Be-
stimmtheit der Axiome verbunden ist. Ihre Formulierung wird viel schwer-
fälliger als in solchen Axiomensystemen wie dem Euklidischen, welche
handeln von dem Raum in seiner ganzen unendlichen Ausdehnung, be-
haftet mit den Zusammenhangsverhältnissen des vollständigen Zahlenraumes.

Um einen Begriff von diesen Schwierigkeiten zu geben, wollen wir
der Kleinschen Forderung die Aussage der Euklidischen Geometrie an-

passen: daß zwei verschiedene Punkte eine und nur eine Gerade bestimmen, der sie beide angehören. Vorweg bemerke ich, daß bei EUKLID
die gerade Linie in dem Sinne eine *Punktmenge* ist, daß von *jedem* Punkt
schlechthin feststeht, ob er der geraden Linie angehört oder nicht. —
Für ein begrenztes Raumstück liegen in jenem EUKLIDischen Axiom die
folgenden Tatsachen: Zu jedem Punkte P_0 gehört eine »kleinere« und
eine sie umfassende »größere« Umgebung u und $\mathfrak{U}$.
Je zwei Punkte P und Q in u bestimmen ein *Ge-*
radenstück g; alle auf ihm zwischen P und Q gelegenen Punkte gehören $\mathfrak{U}$ an; für jeden Punkt von
$\mathfrak{U}$ steht es fest, ob er dem Geradenstück g angehört
oder nicht. g ist einzig in seiner Art; jedes die
Punkte P und Q enthaltende Geradenstück g', dessen
zwischen P und Q gelegene Punkte $\mathfrak{U}$ angehören,
stimmt nämlich mit g überein in dem Sinne, daß
innerhalb $\mathfrak{U}$ jeder Punkt von g ein Punkt von g'
ist und umgekehrt. Zwei Geradenstücke g und g^*
bilden *unmittelbare Fortsetzungen* voneinander, wenn

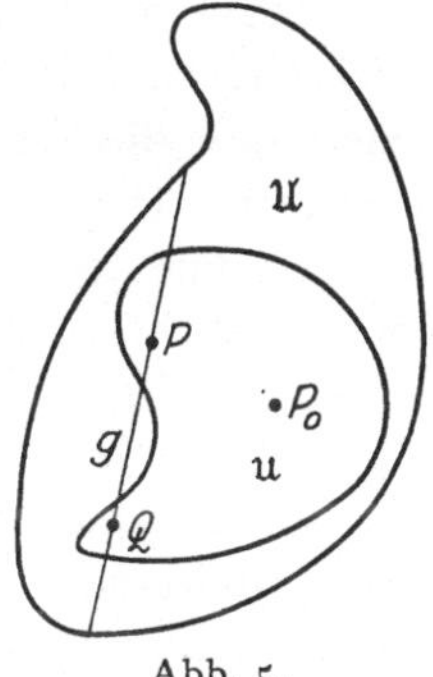

Abb. 5.

es einen Punkt P_0 gibt von der Beschaffenheit, daß in der kleineren Umgebung u von P_0 zwei Punkte P und Q angetroffen werden, die beide
den Stücken g und g^* angehören, während alle Punkte auf g sowohl
als g^*, welche zwischen P und Q liegen, in der größeren Umgebung $\mathfrak{U}$
von P_0 liegen. Für ein Geradenstück gelten jene Axiome des »*Zwischen*«,
die dasselbe als ein einziges zusammenhängendes Linienstück charakterisieren. Schließlich wird noch eine Aussage des Inhalts hinzutreten
müssen, daß, wenn P und Q beliebig nahe an P_0 heranrücken, alle Punkte
auf g zwischen P und Q in einer beliebig kleinen Umgebung von P_0
liegen*).

Die stetigen Abbildungen des CARTESISchen Raumes, welche jedes
Nullelement in ein Nullelement überführen, lassen sich analytisch ebenso
leicht charakterisieren wie die projektive Gruppe; es sind das die von
MÖBIUS entdeckten »Kugelverwandtschaften« (Anhang 1). Wir können
deshalb auch so vorgehen: Das Nullelement dient uns zunächst dazu,
aus allen stetigen Abbildungen die MÖBIUSschen Kugelverwandtschaften
auszuscheiden, und erst, nachdem dies geschehen, steigen wir durch den
Begriff der geraden Linie von da aus zu den ähnlichen Abbildungen
herab. Doch liegt, wie es scheint, eine nach diesem Schema verlaufende
durchgeführte geometrische Axiomatik bisher in der Literatur nicht vor.
Die Möglichkeit des einen und des anderen Verfahrens beruht, wie wir
zusammenfassend feststellen, auf zwei Grundgedanken:

---

*) In der Literatur hat man sich damit begnügt, die Geometrie im begrenzten
Raumstück in dem Sinne durchzuführen, daß sie sich bezieht auf einen festen, konvex
begrenzten Ausschnitt des Raums. Vgl. z. B. WHITEHEAD, The Axioms of Descriptive
Geometry, Cambridge Tracts No. 5 (Cambridge University Press).

1. Die Gruppe der ähnlichen Abbildungen ist der Durchschnitt der projektiven Gruppe und der Gruppe der Möbiusschen Kugelverwandtschaften.

2. Die erste läßt sich durch den Begriff der geraden Linie, die zweite durch den Begriff des Nullelementes kennzeichnen.

Verzichtet man auf die KLEINsche Forderung, versteht also unter Abbildung auf den Zahlenraum eine umkehrbar eindeutige stetige Abbildung der ganzen unendlichen Welt auf den vollständigen Zahlenraum, so ist durch die erste Bedingung allein, daß jede Gerade in eine Gerade übergehen soll, die Welt nicht bloß als projektiver, sondern als affiner Raum festgelegt. Denn die einzigen projektiven Abbildungen, welche endlich entfernte Punkte in endlich entfernte, unendlich ferne Punkte in unendlich ferne überführen, sind die affinen. Andererseits sind die einzigen Kugelverwandtschaften, welche alle im Endlichen gelegenen Punkte im Endlichen lassen, die ähnlichen Abbildungen. Darum kann man, wenn man mit der ganzen unendlichen Welt operiert, die MINKOWSKISche Geometrie vollständig auf den *einen* Begriff des Nullelements aufbauen; die gerade Linie wird entbehrlich. Das ist vor einigen Jahren in einem allerdings sehr umständlichen und künstlichen Axiomensystem von dem englischen Mathematiker ROBB durchgeführt worden. Ich verweise auf sein in der Cambridge University Press erschienenes Buch »Theory of Time and Space« und auf die kürzere, ebendort erschienene Darstellung »The absolute Relations of Time and Space«.

Es war mir hier nur darum zu tun, in einer flüchtig hingeworfenen Skizze die Grundrichtung der elementaren Axiomatik zu schildern. Gründlicher und ausführlicher wollen wir uns jetzt mit einer anderen Art der Betrachtung des Raumproblems beschäftigen, die uns viel tiefer zu seinen ursprünglichen Quellen hinabführen wird; das ist die *infinitesimalgeometrische* Richtung, welche durch RIEMANN eröffnet wurde in seinem berühmten Habilitationsvortrag »Über die Hypothesen, welche der Geometrie zugrunde liegen«.

Zweite Vorlesung.

Wie die moderne Physik den Zusammenhang der Naturerscheinungen aus Nahewirkungen, Bindungen zwischen den physikalischen Zuständen in unendlich benachbarten Weltpunkten verstehen will, so soll hier auch die Struktur des Raumes durch solche Aussagen charakterisiert werden, die jeweils einen Punkt nur mit den Punkten seiner unendlich kleinen Umgebung in Verbindung setzen. Die Aussagen sollen sich nicht wie bei KLEIN nur auf ein begrenztes, sie sollen sich sogar nur auf ein unendlich kleines Raumstück beziehen. Das Grundbeispiel einer solchen infinitesimalen Analyse ist die Kennzeichnung einer konstanten Funktion (einer Funktion, die an je zwei Stellen den gleichen Wert annimmt) durch das Verschwinden ihrer Ableitung.

Riemann geht aus von der Grundtatsache der gewöhnlichen Geometrie, daß sich je zwei Strecken ihrer Länge nach messend miteinander vergleichen lassen und daß für die Streckenlänge der Pythagoreische Lehrsatz gilt. Durch die infinitesimale Wendung gehen aus ihr die beiden Axiome der Riemannschen Geometrie hervor: 1. *Nach Wahl einer Längeneinheit* (die ein- für allemal vorgenommen sei) *kommt jedem unendlich kleinen Linienelement, das von irgendeinem festen Punkt P nach einem zu P unendlich benachbarten Punkte P' hinführt, eine bestimmte Maßzahl ds als seine Länge zu.* 2. *Für die von einem Punkt ausstrahlenden Linienelemente ist ds² in seiner Abhängigkeit vom Linienelement eine positiv-definite quadratische Form.*

Wir beziehen den Raum, den wir in abstrakter Allgemeinheit als einen n-dimensionalen annehmen, auf beliebige Koordinaten x_i, d. h. wir denken uns die vorliegende n-dimensionale kontinuierliche Mannigfaltigkeit irgendwie stetig so auf das Kontinuum der möglichen Wertsysteme $x_1 \, x_2 \ldots x_n$ von n reellen Variablen bezogen, daß verschiedenen Punkten der Mannigfaltigkeit immer verschiedene Wertsysteme entsprechen. Führt ein Linienelement von dem Punkte P mit den Koordinaten x_i zu dem Punkt P' mit den Koordinaten $x_i + dx_i$, so heißen dx_i die Komponenten des Linienelementes in dem zugrunde gelegten Koordinatensystem. Bei dem Übergang zu einem anderen Koordinatensystem x_i^*, wie er durch Transformationsformeln

$$x_i = \varphi_i(x_1^* \, x_2^* \ldots x_n^*), \qquad (i = 1, 2, \ldots, n)$$

vermittelt wird, erfahren die Komponenten der von einem Punkt P ausstrahlenden Linienelemente eine homogene lineare Transformation

$$(1) \qquad dx_i = \sum_{k=1}^{n} \alpha_k^i \, dx_k^* ;$$

die α_k^i sind dabei übrigens die Werte der Ableitungen $\dfrac{\partial \varphi_i}{\partial x_k^*}$ an der Stelle P.

Es beruht ja die Leistungsfähigkeit des in der Differentialrechnung, der Nahewirkungsphysik und der Riemannschen Geometrie zum Durchbruch kommenden Prinzips: die Welt nach Form und Inhalt aus ihrem Verhalten im Unendlichkleinen zu verstehen, eben darauf, daß *alle Probleme durch den Rückgang aufs Unendlichkleine linearisiert werden.*

Die Voraussetzungen der Riemannschen Geometrie drücken sich vermöge des Koordinatensystems x_i in einer Formel aus:

$$(2) \qquad ds^2 = \sum_{i,\,k} g_{ik} \, dx_i \, dx_k,$$

auf deren rechter Seite eine positiv-definite quadratische Form der Komponenten dx_i des variablen, von P ausstrahlenden Linienelements steht. Die Koeffizienten $g_{ik} = g_{ki}$ dieser gegenüber Koordinatentransformation invarianten *metrischen Fundamentalform* werden im allgemeinen von Stelle zu Stelle verschiedene Werte haben; doch sollen sie (im Kontinuum versteht sich das eigentlich von selbst) *stetige* Funktionen des Ortes sein. Sie beschreiben im Koordinatensystem x_i *das metrische Feld*. Die Hauptgesetze, nach denen die Fundamentalform die *Maßzahlen aller geometrischen Größen* in dem RIEMANNschen Raum festlegt, sind die folgenden: 1. Ist g die Determinante der g_{ik}, so ist die Größe irgendeines Raumstückes gleich dem Integral

$$(3) \qquad \int \sqrt{g}\, dx_1\, dx_2 \ldots dx_n,$$

zu erstrecken über dasjenige Gebiet im Zahlenraum der Variablen x_i, welches dem Raumstück entspricht. 2. Bedeutet $Q(d\delta)$ die der quadratischen Fundamentalform entsprechende symmetrische Bilinearform zweier an derselben Stelle befindlicher Linienelemente d und δ:

$$Q(d\delta) = \sum_{ik} g_{ik}\, dx_i\, \delta x_k,$$

so ist der von ihnen gebildete Winkel θ zu berechnen aus

$$\cos\theta = \frac{Q(d\delta)}{\sqrt{Q(dd) \cdot Q(\delta\delta)}}.$$

3. Eine in dem n-dimensionalen Raum R_n liegende m-dimensionale, auf Koordinaten $u_1\, u_2 \ldots u_m$ bezogene Mannigfaltigkeit R_m ($1 \leqq m < n$) ist gegeben durch eine Parameterdarstellung:

$$x_i = x_i(u_1\, u_2 \ldots u_m) \qquad (i = 1, 2, \ldots n),$$

welche jedem Punkte (u) von R_m seine Stelle (x) im Raume R_n zuweist. Aus der metrischen Fundamentalform des Raumes R_n entsteht durch Einsetzen der Differentiale

$$dx_i = \frac{\partial x_i}{\partial u_1}\, du_1 + \frac{\partial x_i}{\partial u_2}\, du_2 + \ldots \frac{\partial x_i}{\partial u_m}\, du_m$$

die metrische Fundamentalform von R_m. R_m ist damit selber zu einem m-dimensionalen RIEMANNschen Raum geworden; und die Berechnung der Größe eines beliebigen Stückes von R_m geschieht nach der auf R_m übertragenen Formel (3). So kann die Länge von Linienstücken, der Inhalt von Flächenstücken usw. ermittelt werden.

Die RIEMANNschen Annahmen kommen offenbar darauf hinaus, daß in der unmittelbaren Umgebung jedes Punktes im Unendlichkleinen die EUKLIDische Geometrie gültig sein soll. Während man in der EUKLIDschen Geometrie fast immer so verfuhr, daß man auf Grund des metrischen Feldes ein ausgezeichnetes, das *Cartesische Koordinatensystem* einführte, in welchem die g_{ik} bestimmte numerische Werte haben, nämlich

$$g_{ik} = \begin{cases} 1 & (i = k) \\ 0 & (i \neq k), \end{cases}$$

ist man in der allgemeinen RIEMANNschen Geometrie gezwungen, das Koordinatensystem frei zu lassen und die metrische Struktur des Raumes durch das Tensorfeld der Größen g_{ik} darzustellen, die nun explicite in alle Formeln der Geometrie und Physik eingehen. Das hat den großen Vorzug, daß sich dieser tragende Untergrund aller geometrischen und physikalischen Größenbestimmung den Blicken nicht entzieht.

Der Aufbau der RIEMANNschen Infinitesimalgeometrie hat in den letzten Jahren sehr an Einfachheit und Anschaulichkeit gewonnen durch den von LEVI-CIVITA entdeckten *Begriff der infinitesimalen Parallelverschiebung eines Vektors**). LEVI-CIVITA führte ihn auf Grund der Annahme ein, daß der RIEMANNsche Raum R in einen höherdimensionalen EUKLIDschen E eingebettet sei; einen R tangierenden Vektor $\mathfrak{x}$ im Punkte P von R verschiebe ich parallel in E nach einem zu P unendlich benachbarten Punkt P' von R, spalte diesen verschobenen Vektor $\mathfrak{x}'$ in eine tangentielle und eine (unendlich kleine) normale Komponente, $\mathfrak{x}'_t$ und $\mathfrak{x}'_n$, und erkläre: Der in R liegende Vektor $\mathfrak{x}'_t$ entstehe aus $\mathfrak{x}$ durch infinitesimale *Parallelverschiebung in R*. Es stellt sich heraus, daß dieser Prozeß von der Art der Einbettung unabhängig und nur durch das metrische Feld von R bestimmt ist. Die naturgemäße independente Erklärung dieses Begriffs ist von mir gegeben worden; in welcher Weise, muß ich jetzt genauer schildern.

Der die Mannigfaltigkeit im Punkte P tangierende Vektorraum oder Vektorkörper ist als ein n-dimensionaler ebener, mit einem Zentrum O versehener Raum zu erklären, in welchem die unendlich kleine Umgebung von O durch eine (im Unendlichkleinen selbstverständlich lineare) Beziehung zur Deckung gebracht ist mit der unmittelbaren Umgebung von P; dabei decken sich O und P. Man kann auch sagen, daß dieser tangierende Vektorraum durch eine Vergrößerung in unendlich großem Verhältnis aus der infinitesimalen Umgebung des Punktes P hervorgeht. Ein Vektor in P ist demnach relativ zu einem Koordinatensystem x_i charakterisiert durch n Zahlen ξ^i, seine Komponenten, die bei Übergang zu einem anderen Koordinatensystem sich genau so transformieren — siehe die Gleichungen (1) — wie die Komponenten eines Linienelements in P; die Linienelemente sind die unendlich kleinen Vektoren in P. Denn wir bekommen ein eindeutig bestimmtes zugehöriges lineares Koordinatensystem mit dem Anfangspunkte O im tangierenden Vektorraum durch die Forderung, daß in unmittelbarer Nachbarschaft von P bzw. O die relativen Koordinaten dx_i in bezug auf das Zentrum übereinstimmen für sich deckende Punkte. Da es Konvention geworden ist, die Komponenten der Vektoren durch obere Indizes zu bezeichnen, schreibe ich im folgenden meistens $(dx)^i$ statt dx_i.

Durch Parallelverschiebung eines Vektors $\mathfrak{x}$ in P nach dem unendlich benachbarten Punkte P' entsteht derjenige Vektor $\mathfrak{x}'$ in P', welcher *die*

---

*) LEVI-CIVITA, Nozione di parallelismo in una varietà qualunque..., Rend. del Circ. Mat. di Palermo, t. 42 (1917); vgl. auch HESSENBERG, Vektorielle Begründung der Differentialgeometrie, Math. Ann. Bd. 78 (1917).

gleichen Komponenten besitzt wie χ in P. Diese Definition charakterisiert die Parallelverschiebung als eine »ungeänderte« Verpflanzung der Vektoren. Sie ist aber *abhängig vom Koordinatensystem:* Jedem Koordinatensystem x_i entspricht auf die geschilderte Weise ein möglicher Begriff der Parallelverschiebung, ein *mögliches System von Parallelverschiebungen des Vektorkörpers nach allen zu P unendlich benachbarten Punkten.* In einem ein für allemal fest gewählten Koordinatensystem x_i drückt sich ein solches mögliche System von Parallelverschiebungen folgendermaßen aus: Geht aus dem Vektor χ mit den Komponenten ξ^i im Punkte $P = (x_i)$ durch Parallelverschiebung nach dem unendlich benachbarten Punkte $P' = (x_i + dx_i)$ der Vektor χ' in P' mit den Komponenten $\xi^i + d\xi^i$ hervor, so hängen erstens die Änderungen der Komponenten $d\xi^i$ linear von dem verschobenen Vektor selbst ab

$$(4) \qquad d\xi^i = - \sum_r d\gamma^i_r \cdot \xi^r,$$

zweitens die dabei auftretenden Koeffizienten $d\gamma^i_k$ ihrerseits wieder linear von den Komponenten $(dx)^i$ der vorgenommenen Verschiebung

$$(5) \qquad d\gamma^i_r = \sum_s \Gamma^i_{rs} (dx)^s,$$

und es erfüllen drittens die von Vektor und vorgenommener Verschiebung unabhängigen Größen Γ^i_{rs}, welche den ganzen Prozeß festlegen, die Symmetriebedingungen

$$(6) \qquad \Gamma^i_{sr} = \Gamma^i_{rs}.$$

Den Beweis dafür, der durch sehr einfache Rechnungen bewerkstelligt werden kann, übergehe ich hier*). Aus ihm geht zugleich hervor, daß die Größen Γ weiteren Bedingungen nicht unterworfen sind: Sind Γ^i_{rs} irgendwelche, den Symmetriebedingungen (6) genügende Zahlen und definieren wir durch die Gleichungen (4), (5) den Transport des Vektorkörpers in P nach allen zu P unendlich benachbarten Punkten, so ist das ein mögliches System infinitesimaler Parallelverschiebungen; d. h. es gibt ein Koordinatensystem, in welchem bei dem so definierten Transport die Komponenten der Vektoren keine Änderung erleiden.

Ist nun eine Mannigfaltigkeit von Natur so beschaffen, daß an jeder Stelle P unter den »möglichen« Begriffen von Parallelverschiebung ein einziger als der *allein* »*wirkliche*« ausgezeichnet ist, so sagen wir, es sei die Mannigfaltigkeit mit einem *affinen Zusammenhang* ausgestattet. (Mit gutem Grund, da die Übertragung eines Vektors durch Parallelverschiebung von einer Stelle zu einer anderen der Grundbegriff der affinen Geometrie ist.) Die Größen Γ^i_{rs}, welche an jeder Stelle die wirkliche infinitesimale Parallelverschiebung der Vektoren festlegen, heißen die Komponenten des

---

*) Ich verweise dieserhalb auf mein Buch: Raum, Zeit, Materie, 5. Aufl., Berlin, Julius Springer 1923, S. 113.

affinen Zusammenhangs. Durch geeignete Wahl des Koordinatensystems kann man bewirken, daß sie an einer beliebig vorgegebenen Stelle verschwinden; darin gibt sich kund, daß der affine Zusammenhang der Mannigfaltigkeit an jeder Stelle *von der gleichen Natur* ist. Hingegen ist es im allgemeinen nicht möglich, ein *ausgedehntes Gebiet G* des Raumes auf solche Koordinaten zu beziehen, daß in ganz *G* die Komponenten Γ Null werden.

Die wirkliche vierdimensionale Welt ist Beispiel einer affin zusammenhängenden Mannigfaltigkeit. Es ist nämlich unbezweifelbare Tatsache, daß ein Körper, der in bestimmter Weltrichtung losgelassen wird, eine eindeutig bestimmte natürliche Bewegung vollführt, aus der er nur durch äußere Kräfte herausgeworfen werden kann; und zwar geschieht das offenbar vermöge einer von Stelle zu Stelle infinitesimal wirksamen Beharrungstendenz, welche die Weltrichtung r des Körpers im beliebigen Punkte *P* »parallel mit sich« nach demjenigen zu *P* unendlich benachbarten Punkte *P'* transportiert, welcher in der Richtung r von *P* aus liegt. Wirken äußere Kräfte auf den Körper, so bestimmt sich seine Bewegung durch den Kampf zweier Momente, der Beharrungstendenz und der Kraft. Die Beharrungstendenz ist eine Art zwangsweise Führung, welche die Welt vermöge ihrer Struktur auf jeden Körper ausübt. Mit EINSTEIN nehmen wir an, daß das »Führungsfeld« nicht bloß die inf. Parallelverschiebung von Richtungen in sich selber, sondern auch der *Vektoren* im Punkte *P* nach *allen* zu *P* unendlich benachbarten Punkten bestimmt; diese durch gute Gründe zu stützende Annahme bedeutet offenbar, daß wir der Welt von Hause aus einen affinen Zusammenhang zuschreiben.

Von dieser Abschweifung in die wirkliche Welt kehre ich zur abstrakten RIEMANNschen Geometrie zurück. Und behaupte, daß *ein Riemannscher Raum gleichfalls von Hause aus, zufolge seiner Metrik, mit einem bestimmten affinen Zusammenhang ausgestattet ist. Unter den möglichen Systemen von Parallelverschiebungen des Vektorkörpers in P nach den Punkten der unmittelbaren Nachbarschaft von P gibt es nämlich ein einziges, bei welchem alle Vektoren ihre Länge bewahren.* Es soll also

$$(7) \qquad d\left(g_{ik}\,\xi^i\,\xi^k\right) = 0$$

sein, wenn d die mit der Parallelverschiebung verbundene unendlich kleine Änderung einer Größe anzeigt. Wir ersparen uns fortan das Hinschreiben von Summenzeichen; es versteht sich immer von selbst, daß über einen Index, der in einem Formelglied doppelt auftritt, zu summieren ist. Das Herunterziehen des Index i an einem System von Zahlen a^i (die neben i vielleicht noch andere Indizes tragen) wird definiert durch die Gleichungen

$$a_i = \sum_j g_{ij}\,a^j\,,$$

der umgekehrte Prozeß des Hinaufziehens eines Index durch die dazu inversen Gleichungen

$$a^i = \sum_j \mathfrak{z}^{ij}\, a_j.$$

Setzen wir beim Herunterziehen des Index i an den die gesuchte Parallelverschiebung charakterisierenden Größen

$$d\gamma_k^i = \Gamma_{kr}^i (dx)^r$$

das i vor die übrigen Indizes, so erhält man aus der identisch in den ξ^i zu erfüllenden Forderung (7) sofort die Beziehungen

oder
$$d\gamma_{i,k} + d\gamma_{k,i} = dg_{ik}$$

$$(8) \qquad \Gamma_{i,kr} + \Gamma_{k,ir} = \frac{\partial g_{ik}}{\partial x_r}.$$

Daraus folgt, in Anbetracht des Umstandes, daß die Γ in ihren beiden hinteren Indizes symmetrisch sind,

$$(9) \qquad (g_{ij}\, \Gamma_{rs}^j =)\ \Gamma_{i,rs} = \frac{1}{2}\left(\frac{\partial g_{ir}}{\partial x_s} + \frac{\partial g_{is}}{\partial x_r} - \frac{\partial g_{rs}}{\partial x_i} \right).$$

Die Γ werden in der RIEMANNschen Geometrie gewöhnlich als CHRISTOFFELsche Drei-Indizes-Symbole bezeichnet; sie haben hier samt den CHRISTOFFELschen Formeln (9) eine einfache begriffliche Deutung erfahren.

Dritte Vorlesung.

In einer affin zusammenhängenden Mannigfaltigkeit kann man einen Vektor $\mathfrak{x}$ im Punkte P durch Parallelverschiebung nicht nur nach einem unendlich benachbarten, sondern auch nach einem beliebig entfernten Punkte $\overline{P}$ transportieren, nämlich längs eines P mit $\overline{P}$ verbindenden Weges, auf dem $\mathfrak{x}$ von Punkt zu Punkt durch infinitesimale Parallelverschiebung übertragen wird. Lassen wir aber den gleichen Verschiebungsprozeß sich längs eines anderen P mit $\overline{P}$ verbindenden Weges vollziehen, so sind wir keineswegs sicher, daß wir in $\overline{P}$ mit dem Vektor in gleicher Endlage ankommen wie auf dem ersten Wege: Die Vektorübertragung ist im allgemeinen vom Wege abhängig oder, wie man zu sagen pflegt, nicht integrabel. Nimmt ein sich in der Mannigfaltigkeit bewegender Punkt seinen Vektorkörper $\mathfrak{K}$ so mit, daß derselbe in jedem Augenblick eine inf. Parallelverschiebung erfährt, so wollen wir $\mathfrak{K}$ mit Herrn SCHOUTEN als Kompaßkörper bezeichnen. Der Kompaßkörper kehrt also im allgemeinen, nachdem er einen geschlossenen Weg beschrieben hat, nicht wieder in seine Ausgangslage zurück.

An dieser Stelle drängt sich uns eine Inkonsequenz auf, die in der RIEMANNschen Geometrie von ihrer EUKLIDischen Vergangenheit her noch stecken geblieben ist. In der RIEMANNschen Geometrie lassen sich *Vektoren* nur infinitesimal verpflanzen; ihre Übertragung nach einer endlich

entfernten Stelle ist abhängig vom Wege, längs dessen die Übertragung
vollzogen wird; ein direkter Fernvergleich der Vektoren ist nicht möglich.
Im Gegensatz dazu war es aber eine der Grundannahmen Riemanns,
daß an den Längen der Vektoren oder den »*Strecken*«, wie wir sagen
wollen, ein solcher direkter Fernvergleich vollziehbar sei. In einer
Geometrie, die reine Infinitesimalgeometrie sein will, ist offenbar eine
derartige Voraussetzung nicht zulässig. An ihre Stelle muß die allgemeinere treten, daß sich auch eine *Strecke* von einem Punkte P nur
nach einem *unendlich benachbarten* Punkte P' kongruent übertragen läßt.
Und wir werden darauf gefaßt sein müssen, daß die kongruente Verpflanzung einer Strecke längs eines Weges, der zwei endlich entfernte
Punkte miteinander verbindet, sich als abhängig vom Wege erweist.

Mit dieser vom Vortragenden herrührenden Erweiterung der Riemannschen Geometrie verbinden wir die andere, daß wir die metrische Fundamentalform $g_{ik}(dx)^i(dx)^k$ nicht mehr als positiv-definit voraussetzen. In
der Tat ist die metrische Fundamentalform der vierdimensionalen Welt
nicht definit, sondern vom Trägheitsindex 1, d. h. sie hat bei geeigneter
Annahme des Koordinatensystems in dem gerade betrachteten Punkte
die Gestalt

$$(dx_1^2 + dx_2^2 + dx_3^2) - dx_0^2$$

mit *einem* Minuszeichen. Wenn demnach auch die metrische Fundamentalform nicht definit zu sein braucht, so darf sie doch niemals ausarten,
d. h. die Determinante der g_{ik} muß $\neq$ o sein. Anschaulicher und unabhängig vom Koordinatensystem können wir diese unerläßliche Forderung
so aussprechen: Zwei Linienelemente d und δ, für welche das skalare
Produkt, d. i. die zu unserer quadratischen Form gehörige symmetrische
Bilinearform verschwindet,

$$\sum_{ik} g_{ik}(dx)^i(\delta x)^k = o,$$

heißen senkrecht aufeinander; außer o darf es kein Linienelement in P
geben, auf welchem alle Linienelemente in P senkrecht stehen. Die
metrische Fundamentalform wird allerorten den gleichen Trägheitsindex
besitzen; das folgt schon aus der Stetigkeit der g_{ik} zusammen mit der
Tatsache, daß ihre Determinante nirgendwo verschwindet. Infolgedessen
läßt sich an jeder Stelle der Mannigfaltigkeit die metrische Fundamentalform durch eine geeignete zu dieser Stelle gehörige lineare Transformation der Koordinaten oder der Differentiale dx_i in eine und dieselbe
Normalform verwandeln; die Natur der Metrik ist überall die gleiche.
Um nicht mit imaginären Größen operieren zu müssen und auch, um
nicht die Quadratwurzel als eine überflüssige Irrationalität einzuführen,
benutzen wir fortan nicht ds, sondern ds^2, die metrische Fundamentalform selber, als Maßzahl des Linienelements. Nach diesen Vorbereitungen können wir die Struktur des allgemeinen metrischen Raumes
folgendermaßen beschreiben.

1. *Metrik im Punkte P.* Jeder Vektor $\mathfrak{x}$ in P bestimmt eine *Strecke*; es gibt eine nicht-ausgeartete quadratische Form $\mathfrak{x}^2$, derart, daß zwei Vektoren $\mathfrak{x}$ und $\mathfrak{y}$ dann und nur dann die gleiche Strecke bestimmen, wenn $\mathfrak{x}^2 = \mathfrak{y}^2$ ist. Der Trägheitsindex dieser Form ist überall der gleiche. Durch ihre Bedeutung ist die quadratische Form $\mathfrak{x}^2$ nur bis auf einen Proportionalitätsfaktor bestimmt. Indem man ihn festlegt, wird die Mannigfaltigkeit im Punkte P geeicht. Die Zahl $\mathfrak{x}^2$ nennen wir alsdann die Maßzahl l der durch $\mathfrak{x}$ bestimmten Strecke. Ersetzen wir die Eichung durch eine andere, so geht die neue Maßzahl $\overline{l}$ aus der alten l durch Multiplikation mit einem von der Strecke unabhängigen konstanten Faktor $\lambda \neq 0$ hervor: $\overline{l} = \lambda l$. Wie also die Charakterisierung eines Vektors in P durch ein System von Zahlen (seine Komponenten) von einem Koordinatensystem abhängt, so ist die Festlegung einer Strecke durch eine Zahl von der Eichung abhängig; und wie die Komponenten eines Vektors beim Übergang zu einem anderen Koordinatensystem eine lineare homogene Transformation erleiden, so auch die Maßzahl einer willkürlichen Strecke beim »Umeichen«.

2. *Metrischer Zusammenhang des Punktes P mit seiner Umgebung.* Jede Strecke in P läßt sich nach jedem zu P unendlich benachbarten Punkte durch »kongruente Verpflanzung« übertragen. Die einzige Forderung, welche an diesen Begriff zu stellen ist — sie ist ganz analog der Bedingung, welcher die Parallelverschiebung der Vektoren zu genügen hatte —, ist die folgende: Die Umgebung von P läßt sich so eichen, daß die Maßzahl einer jeden Strecke in P durch kongruente Verpflanzung nach den Punkten seiner unendlich kleinen Umgebung keine Änderung erfährt. Danach ist die Natur des metrischen Zusammenhangs von P mit den Punkten seiner Umgebung an allen Stellen P die gleiche. Eichen wir die Umgebung von P ein für allemal in bestimmter Weise, so drückt sich die Änderung der Maßzahl l einer Strecke in P bei kongruenter Verpflanzung durch eine Gleichung aus

$$dl = - l \cdot d\varphi \, ,$$

wo $d\varphi$ von der verpflanzten Strecke unabhängig ist, hingegen linear von der vorgenommenen Verschiebung des Anfangspunktes $\overrightarrow{PP'} = (dx_i)$ abhängt:

$$d\varphi = \varphi_i(dx)^i \, .$$

Die Größen φ_i unterliegen keiner Einschränkung*).

Um die metrische Struktur unserer Mannigfaltigkeit zahlenmäßig angeben zu können, bedürfen wir also nicht bloß eines Koordinatensystems, sondern außerdem muß die Mannigfaltigkeit an jeder Stelle geeicht werden. Relativ zu einem derartigen Bezugssystem (= Koordinatensystem $+$ Eichung) aber drückt sich die Metrik aus in einer quadratischen und einer linearen Fundamentalform

---

*) Vgl. dazu »Raum, Zeit, Materie« 5. Aufl., S. 123.

$$g_{ik}(dx)^i(dx)^k \, , \qquad \varphi_i(dx)^i \, .$$

Beide verhalten sich invariant bei Übergang zu einem neuen Koordinatensystem; bei Abänderung der Eichung nimmt die erste einen Faktor λ an, der eine beliebige stetige, durchweg positive oder durchweg negative Ortsfunktion ist, die zweite vermindert sich um $\dfrac{d\lambda}{\lambda}$.

Nicht bloß für einen RIEMANNschen, sondern auch für einen metrischen Raum allgemeiner Natur gilt der *Fundamentalsatz der Infinitesimalgeometrie*, daß *durch die metrische Struktur der affine· Zusammenhang eindeutig bestimmt ist* auf Grund der Forderung, daß bei der inf. Parallelverschiebung der Vektoren in P nach irgendeinem unendlich benachbarten Punkt P' die durch jene Vektoren bestimmten Strecken eine kongruente Verpflanzung erleiden sollen. In den früher angeschriebenen CHRISTOFFELschen Formeln (9), welche den affinen Zusammenhang durch die Metrik ausdrücken, hat man nur

$$\frac{\partial g_{ik}}{\partial x_r} \text{ zu ersetzen durch } D_r g_{ik} = \frac{\partial g_{ik}}{\partial x_r} + g_{ik}\varphi_r \, .$$

Hingegen ist es, wenn die quadratische Fundamentalform indefinit ist, nicht wahr, daß jeder in unsern n-dimensionalen Raum eingebettete Raum von geringerer Dimensionszahl wiederum ein metrischer Raum ist, da die auf ihn übertragene quadratische Fundamentalform stellenweise oder gar überall ausarten kann. Ebenso wenig läßt sich, wenn die Längenübertragung nicht integrabel ist, ein ausgedehntes Stück unseres Raumes als ein Quantum messen durch das Volumintegral

$$\int \sqrt{g} \, dx_1 dx_2 \ldots dx_n \, .$$

Beide Gründe machen die Ausbildung einer mit den Maßgrößen von Linien-, Flächen- und Raumstücken operierenden Maßgeometrie in einem allgemeinen metrischen Raume unmöglich. Aber für diese Preisgabe der Maßgeometrie gewinnen wir, wie uns EINSTEIN gezeigt hat, die *Feldphysik*. Aus dem metrischen Feld der vierdimensionalen Welt entspringen neben der Trägheit auch die beiden ursprünglichen Feldkräfte, welche in der Natur vorkommen: die Schwerkraft und die elektromagnetische. An Stelle des Volumens tritt die in einem Weltstück vorhandene *Wirkungsgröße*. Es ist die Grundfrage der Feldphysik, welche nur an Hand physikalischer Erfahrungen entschieden werden kann: welche der möglichen Integralinvarianten in der Natur als Wirkungsgröße fungiert; aus ihr leiten sich alle Gesetze ab, an welche die möglichen Feldzustände in der Natur gebunden sind.

Es ist zweckmäßig, die affine Infinitesimalgeometrie selbständig neben der metrischen zu behandeln. Der ganze Tensorkalkül z. B. basiert allein auf dem affinen Grundbegriff der inf. Parallelverschiebung; die Metrik kommt dafür gar nicht in Frage. Ebenso ist der wichtige Begriff der *geraden oder geodätischen Linie* nur durch den affinen Zusammenhang bedingt. *Wann ist eine Linie gerade? Wenn die Tangentenrichtung im variablen Kurvenpunkte P, der auf der Linie entlang gleitet, in jedem Augenblick eine inf. Parallelverschiebung erfährt.* Es kommt für die gerade Linie also nur auf die Verschiebung der *Richtungen*, nicht der vollen Vektoren an, und auch nicht auf die Verschiebung einer Richtung $\mathfrak{r}$ im Punkt P nach einem beliebigen, sondern nur nach einem solchen unendlich benachbarten Punkt P', der in der Richtung $\mathfrak{r}$ von P aus liegt. Dieser Prozeß der Richtungsverschiebung in sich ist daher, wie wir sagen wollen, charakteristisch für die *projektive Beschaffenheit* einer affin zusammenhängenden Mannigfaltigkeit; bei einer virtuellen Abänderung ihres affinen Zusammenhangs wird die projektive Beschaffenheit nicht angetastet, wenn jener Vorgang allerorten der gleiche bleibt. Bezeichnen wir die Komponenten des affinen Zusammenhangs unserer Mannigfaltigkeit mit $\varGamma^i_{rs}$, die Zuwächse, welche diese Größen bei der gedachten Veränderung des affinen Zusammenhangs erfahren, mit $[\varGamma^i_{rs}]$, so erhält sich also die projektive Beschaffenheit, wenn immer

$$[\varGamma^i_{rs}]\,\xi^r\xi^s \text{ proportional zu } \xi^i$$

ist. Eine einfache algebraische Überlegung zeigt (Anhang 2), daß das für alle Vektoren ξ^i dann und nur dann der Fall ist, wenn die Größen $[\varGamma]$ durch ein System von n Zahlen ψ sich so ausdrücken lassen:

$$(10)\qquad [\varGamma^i_{rs}] = \delta^i_r\,\psi_s + \delta^i_s\,\psi_r\,;\qquad \delta^i_k = \begin{cases} 1\,(i=k)\\ 0\,(i \neq k) \end{cases}$$

Wie der projektive Standpunkt durch Abstraktion aus dem affinen hervorgeht, so der *konforme* aus dem metrischen. Charakteristisch für die konforme Beschaffenheit eines metrischen Raumes ist die *Gleichung*

$$g_{ik}\,(dx)^i\,(dx)^k = 0$$

oder der Kegel der Nullrichtungen. Da wir im metrischen Raum über die Eichung frei verfügen können, dürfen wir auch sagen, daß durch die konforme Beschaffenheit die quadratische Fundamentalform festgelegt ist, während die lineare frei bleibt; jede virtuelle Änderung des metrischen Feldes, bei welcher die konforme Beschaffenheit unangetastet bleibt, können wir dadurch bewerkstelligen, daß wir bei ungeänderter quadratischer Fundamentalform die lineare beliebig modifizieren. Erfahren bei einem solchen Prozess die Koeffizienten der linearen Fundamentalform die Zuwächse φ_i, so ändern sich die Komponenten $\varGamma$ des affinen Zusammenhangs um die Beträge

$$(11)\qquad [\varGamma^i_{rs}] = \frac{1}{2}\,(\delta^i_r\,\varphi_s + \delta^i_s\,\varphi_r - g_{rs}\,\varphi^i)\,.$$

Die in der ersten Vorlesung durchgeführte Betrachtung beruhte — wenn wir uns der eben entwickelten Terminologie bedienen — darauf, daß das metrische Feld eindeutig bestimmt ist durch die projektive und konforme Beschaffenheit der Mannigfaltigkeit. Das gilt aber nicht bloß in der Euklidischen, sondern auch in der jetzt zur Behandlung stehenden allgemeinen Infinitesimal-Geometrie. Zum Beweise erscheint es hier zweckmäßig, das Nullelement vor der geraden Linie rangieren zu lassen. Bleibt bei einer virtuellen Abänderung des metrischen Feldes die konforme Beschaffenheit erhalten, so gilt eine Gleichung (11). Soll dabei auch die projektive Beschaffenheit unangetastet bleiben, so muß außerdem

$$[\Gamma^i_{rs}]\,\xi^r\xi^s \quad \text{proportional zu}\quad \xi^i$$

sein. Die linke Seite hat hier zufolge (11) den Wert

$$\xi^i(\varphi_r\varphi^r) - \frac{1}{2}\,\varphi^i(g_{rs}\xi^r\xi^s),$$

also kommt

$$\varphi^i \cdot (g_{rs}\xi^r\xi^s) \quad \text{proportional zu}\quad \xi^i.$$

Nehmen wir für ξ^i zwei voneinander unabhängige Vektoren in P, deren Maßzahl $\neq 0$ ist, so folgt daraus, daß der Vektor mit den Komponenten φ^i zu beiden proportional sein muß; daher $\varphi^i = 0$. Ist es uns in der wirklichen Welt also möglich, die Wirkungsausbreitung, insbesondere die Lichtausbreitung zu verfolgen, und vermögen wir außerdem die Bewegung freier Massenpunkte, welche dem Führungsfelde folgen, als solche zu erkennen und zu beobachten, so können wir daraus allein, ohne Zuhilfenahme von Uhren und starren Maßstäben, das metrische Feld ablesen.

Damit habe ich Ihnen in kurzen Zügen den Aufbau der Infinitesimalgeometrie geschildert. Wenn es sich da auch um Dinge handelt, die heute wohlbekannt sind und die ich in ähnlicher Form schon sonst, so namentlich in meinem Buche »Raum, Zeit, Materie« dargestellt habe, so mußte ich das alles doch hier noch einmal auseinandersetzen, um die weitere Analyse des Raumproblems daran anschließen zu können. Von jetzt ab zielen unsere Gedanken wieder unmittelbar auf das Problem, das uns in diesen Vorlesungen beschäftigen sollte: die Struktur des Raumes aus den tiefsten der mathematischen Analyse zugänglichen Gründen begreiflich zu machen. Ich erinnere Sie daran, daß wir uns bis auf weiteres die Ansicht zu eigen gemacht haben, die *Euklidische Geometrie* enthalte die Wahrheit über die Raumstruktur. Demnach werden wir uns jetzt zunächst fragen: *wie läßt sich unter den allgemeinen metrischen Räumen der Euklidische kennzeichnen durch invariante Aussagen rein infinitesimalen Gepräges, welche nicht an ein spezielles Koordinatensystem gebunden sind?* Wesentlich einfacher, aber im Prinzip auf die gleiche Weise läßt sich die Frage beantworten: *wie kann man unter den metrischen Räumen die Riemannschen kennzeichnen, ohne von einer besonderen Eichung Gebrauch zu machen?* Mit ihr wollen wir deshalb beginnen.

Ein metrischer Raum ist offenbar Riemannisch, wenn eine Strecke, die auf einem beliebigen geschlossenen Wege so herumgeführt wird, daß sie in jedem Augenblick ihrer Bewegung eine kongruente Verpflanzung erfährt, stets zu ihrem Ausgangswert zurückkehrt. Denn dann kann man die Maßeinheit von einer Stelle O nach allen Stellen des Raumes transportieren in einer vom verbindenden Wege unabhängigen Weise. Verwenden wir überall im Raume diese Normaleichung, deren Maßstäbe durch das zentrale Eichamt in O geliefert werden, so verschwindet die lineare Fundamentalform $d\varphi$ identisch. In eine geschlossene Kurve C können wir eine von ihr berandete zweidimensionale Fläche einspannen, welche analytisch durch eine Parameterdarstellung

$$x_i = x_i(uv) \qquad (i = 1, 2, \ldots, n)$$

gegeben sein wird; sie wird durch die Koordinatenlinien $u =$ const. und $v =$ const. in unendlich kleine Parallelogramme zerlegt. Die Änderung, welche eine Strecke beim Umfahren der ganzen Fläche erleidet, setzt sich additiv zusammen aus den unendlichkleinen Änderungen, welche sich beim Umfahren dieser Flächenelemente an ihr vollziehen; ist sie für die sämtlichen Flächenelemente $= 0$, so kommt die Strecke, längs C kongruent sich fortpflanzend, am Ausgangspunkt ebenso groß wieder an, wie sie abgefahren ist.

Ein unendlich kleines Flächenelement, wie wir es hier zu betrachten haben, wird von zwei Linienelementen d und δ, die von demselben Punkte $P = (oo)$ ausgehen, dadurch erzeugt, daß d an δ entlang geschoben wird [aus der Lage $(oo) \rightarrow (o1)$ in die Lage $(10) \rightarrow (11)$] oder δ an d entlang. Die Variationen von d bzw. δ während dieses Prozesses sind nur an die Bedingung gebunden, daß auf beide Arten dasselbe Flächenelement $\varDelta\sigma$ überstrichen wird.

$$(\varDelta x)^{ik} = (dx)^i (\delta x)^k - (dx)^k (\delta x)^i$$

sind die Komponenten von $\varDelta\sigma$. Eine Strecke mit der Maßzahl $l = l_{oo}$ in (oo) werde durch kongruente Verpflanzung nach dem Punkte $(o1)$ überführt: l_{o1}; der Unterschied $l_{o1} - l_{oo}$ ist

$$(12) \qquad dl = - l\,d\varphi.$$

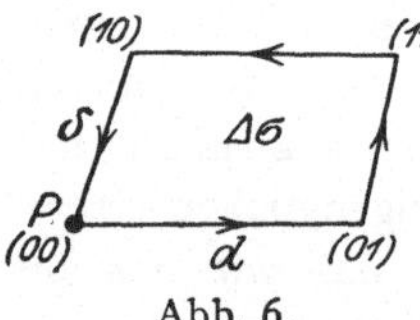

Abb. 6.

Auch während der Verschiebung von d an δ entlang bleibe die Strecke im Endpunkt von d beständig an die Strecke im Anfangspunkt von d durch die Bedingung gebunden, daß die erste aus der zweiten durch kongruente Verpflanzung längs d hervorgeht. Dann bleibt die Gleichung (12) während des Verschiebungsprozesses erhalten, und der Zuwachs, welchen dl durch ihn erfährt, berechnet sich aus

$$\delta dl = - \delta l \cdot d\varphi - l \cdot \delta d\varphi.$$

Weiter setzen wir voraus, daß die Strecke im Anfangspunkt von d von der Verschiebung δ ungeändert mitgenommen wird, so daß in unserer Gleichung δl durch $- l\delta\varphi$ zu ersetzen ist:

$$\delta dl = l\delta\varphi\, d\varphi - l \cdot \delta d\varphi.$$

Nach Ausführung der Verschiebung δ haben wir im Punkte (10) diejenige Strecke l_{10}, die aus l_{00} durch kongruente Verpflanzung längs δ entsteht, im Punkte (11) die Strecke l_{11}, die aus l_{00} durch kongruente Verpflanzung auf dem gebrochenen Wege $(00) \rightarrow (10) \rightarrow (11)$ hervorgeht. Es ist

$$\delta d\, l = l_{11} - l_{10} - l_{01} + l_{00}.$$

Vertauschen wir die Rolle von d und δ, so erhalten wir in (11) diejenige Strecke l'_{11}, welche aus l_{00} durch kongruente Übertragung auf dem Wege $(00) \rightarrow (01) \rightarrow (11)$ entsteht, und es gilt analog

$$d\delta\, l = l'_{11} - l_{01} - l_{10} + l_{00}$$
$$= l\, d\varphi\, \delta\varphi - l \cdot d\delta\varphi.$$

Wir subtrahieren und schreiben $\varDelta$ zur Abkürzung für $d\delta - \delta d$:

$$l'_{11} - l_{11} = \varDelta l = - l\,\varDelta\varphi.$$

Das ist nun offenbar die Änderung, welche die Maßzahl unserer Strecke beim Umfahren des Flächenelements in dem durch die Pfeile in der Figur angedeuteten Sinne erleidet. Für $\varDelta\varphi$ aber finden wir, die Gleichung

$$d\delta x_i - \delta d x_i = 0$$

berücksichtigend, welche bedeutet, daß die verschobenen Linienelemente $(10) \rightarrow (11)$ und $(01) \rightarrow (11)$ im gleichen Punkte (11) enden:

$$(13) \qquad \varDelta\varphi = f_{ik}(dx)^i(\delta x)^k = \tfrac{1}{2} f_{ik}(\varDelta x)^{ik};$$

darin ist

$$(14) \qquad f_{ik} = \frac{\partial \varphi_k}{\partial x_i} - \frac{\partial \varphi_i}{\partial x_k}.$$

Die Änderung $\varDelta l$ hängt also erstens linear ab von der Strecke l:

$$\varDelta l = - l\,\varDelta\varphi,$$

sie hängt zweitens linear ab von dem umfahrenen Flächenelement, Gl. (13); die Linearform $\varDelta\varphi$ endlich, welche das Verhalten einer Strecke beim Umfahren aller Flächenelemente im Punkte P bestimmt, der »Streckenwirbel« in P, berechnet sich aus dem metrischen Felde nach der Gleichung (14). *Das identische Verschwinden des Streckenwirbels ist die notwendige und hinreichende infinitesimale Bedingung dafür, daß ein metrischer Raum Riemannisch ist.*

Liegt uns nur daran, dies Ergebnis zu erzielen, so können wir rein analytisch folgendermaßen verfahren. Ist es möglich, eine beliebige Strecke l_0 im Anfangspunkte O nach allen Punkten des Raumes durch kongruente Verpflanzung unabhängig vom Wege zu übertragen, so erhalten wir ein *Streckenfeld* l, das identisch der totalen Differentialgleichung

$$dl = - l\, d\varphi \quad \text{oder} \quad \frac{\partial l}{\partial x_i} = - l\,\varphi_i$$

genügt. Die Integrabilitätsbedingungen für diese totale Differentialgleichung aber lauten

$$f_{ik} = \frac{\partial \varphi_k}{\partial x_i} - \frac{\partial \varphi_i}{\partial x_k} = 0;$$

sind sie erfüllt, so haben, wie in der Analysis allgemein gezeigt wird, die Differentialgleichungen eine und nur eine Lösung, welche sich im Anfangspunkt O auf einen beliebig vorgegebenen Wert l_0 reduziert. Ich hätte wohl Lust, Ihnen an Hand dieses einfachen Beispiels zu zeigen, wie sich rein analytisch am leichtesten die Existenz der Lösungen von totalen Differentialgleichungen einsehen läßt, welche ihre Integrabilitätsbedingungen erfüllen; aber ich fürchte, die uns zur Verfügung stehende Zeit reicht nicht dazu aus (Anhang 3).

Vierte Vorlesung.

Wir wenden uns zurück zur Frage nach der *infinitesimalen Charakterisierung des Euklidischen Raumes*, die sich jetzt in ganz analoger Weise erledigen läßt. Im Euklidischen Raum ist die Vektorübertragung unabhängig vom Wege. Die Änderung, welche in einer affin zusammenhängenden Mannigfaltigkeit der Kompaßkörper erfährt, wenn er eine geschlossene Bahn beschreibt, läßt sich zusammensetzen aus denjenigen Änderungen, welche er beim Umfahren unendlich kleiner Flächenelemente erleidet. Der Zuwachs $(\varDelta\xi^i)$, um welchen sich dabei ein beliebiger zum Kompaßkörper gehöriger Vektor (ξ^i) ändert, hängt erstens linear ab von dem Vektor selber:

$$\varDelta\xi^i = -\varDelta\Phi_k^i\cdot\xi^k,$$

und zweitens linear von dem umfahrenen Flächenelement mit den Komponenten $(\varDelta x)^{ik}$:

$$\varDelta\Phi_k^i = \tfrac{1}{2}F_{k,\,\alpha\beta}^i(\varDelta x)^{\alpha\beta} \qquad (F_{k,\,\beta\alpha}^i = -F_{k,\,\alpha\beta}^i).$$

Die Matrix der $\varDelta\Phi_k^i$ werden wir demnach als den *Vektorwirbel* der Mannigfaltigkeit bezeichnen dürfen; der Ausdruck seiner Komponenten durch die Komponenten des affinen Zusammenhangs lautet[*]):

$$F_{k,\,\alpha\beta}^i = \left(\frac{\partial\varGamma_{k\beta}^i}{\partial x_\alpha} - \frac{\partial\varGamma_{k\alpha}^i}{\partial x_\beta}\right) + (\varGamma_{r\alpha}^i\,\varGamma_{k\beta}^r - \varGamma_{r\beta}^i\,\varGamma_{k\alpha}^r).$$

Sie genügen, wie daraus sogleich hervorgeht, der Bedingung der »zyklischen Symmetrie« in den drei unteren Indizes:

$$F_{k,\,\alpha\beta}^i + F_{\alpha,\,\beta k}^i + F_{\beta,\,k\alpha}^i = 0.$$

Im Riemannschen Raum ist die Länge der Vektoren integrabel; deshalb ist dort der Vektor $\varDelta\xi^i$ senkrecht zu ξ^i:

$$(\xi^i\cdot\varDelta\xi_i) = -\varDelta\Phi_{ik}\cdot\xi^i\xi^k = 0$$

(wieder schreibe ich den von oben heruntergezogenen Index i vor den übrigen). Im Riemannschen Raum ist also die Matrix $\varDelta\Phi_{ik}$ schiefsymmetrisch, oder die Größen $F_{ik,\,\alpha\beta}$ sind nicht bloß schiefsymmetrisch in dem Indexpaar $\alpha\beta$, sondern auch in dem Indexpaar ik.

----

[*]) Die Rechnung, die übrigens genau so verläuft wie die Berechnung von $\varDelta l$, findet man durchgeführt in »Raum, Zeit, Materie«, S. 119 u. 120.

Eine affin zusammenhängende Mannigfaltigkeit, in welcher der Kompaßkörper nach Zurücklegung eines geschlossenen Weges immer wieder in seine Ausgangslage zurückkehrt, soll *eben* genannt werden. Im ebenen Raum hat der Begriff der *Gleichheit von Vektoren* unabhängig vom Ort einen klaren Sinn. Wir fanden: *die notwendige und hinreichende Bedingung für Ebenheit besteht in dem identischen Verschwinden des Vektorwirbels.* Auch rein analytisch kann man das leicht beweisen. Läßt sich ein Vektor (ξ^i) vom Anfangspunkt O nach allen Stellen des Raumes durch Parallelverschiebung unabhängig vom Wege übertragen, so entsteht ein Vektorfeld, das identisch den Gleichungen genügt:

$$(15) \qquad \frac{\partial \xi^i}{\partial x_k} = - \Gamma^i_{kr}\, \xi^r.$$

In $F^i_{k,\,\alpha\beta} = 0$ haben wir die Integrabilitätsbedingungen für dieses System von Differentialgleichungen vor uns; sie garantieren dafür, daß die Differentialgleichungen eine und nur eine Lösung ξ^i besitzen mit beliebig vorgegebenen Anfangswerten im Punkte O.

Nunmehr folgt der zweite Schritt. Ein ebener Raum ist notwendig Euklidisch in der folgenden Bedeutung: er läßt sich auf ein »lineares« Koordinatensystem $y_1 y_2 \ldots y_n$ beziehen, in welchem die Komponenten des affinen Zusammenhangs identisch verschwinden. Zwei gleiche Vektoren an irgend zwei Stellen sind in diesem Koordinatensystem dadurch charakterisiert, daß sie gleiche Komponenten besitzen. Je zwei lineare Koordinatensysteme gehen auseinander durch lineare Transformation hervor. — Die Konstruktion der linearen Koordinaten beruht darauf, daß wir mit dem ebenen Raum als Ganzes eine infinitesimale Translation vornehmen können, d. i. eine Deformation, bei welcher jeder Punkt eine Verschiebung erfährt, die allerorten durch den gleichen unendlich kleinen Vektor dargestellt wird. Durch integrale Iteration der infinitesimalen erhält man die endlichen Translationen des Gesamtraums und damit den Fundamentalbegriff der Euklidischen Affingeometrie:

$$\overrightarrow{AB} \text{ ist} = \overrightarrow{A'B'},$$

wenn dieselbe Translation, welche den Punkt A in B überführt, A' nach B' bringt. Mit seiner Hilfe können wir die affinen Koordinaten in bekannter Weise definieren. In der Sprache der Analysis lautet diese Überlegung folgendermaßen. Dasjenige Vektorfeld $\mathfrak{e}_1$, das im gesuchten linearen Koordinatensystem $y_1 y_2 \ldots y_n$ an jeder Stelle die Komponenten

$$(\delta^1_1, \delta^2_1, \ldots, \delta^n_1) = (1,\, 0,\, 0,\, \ldots,\, 0)$$

besitzt, hat in dem zunächst benutzten beliebigen Koordinatensystem x_i die Komponenten

$$\frac{\partial x_1}{\partial y_1},\; \frac{\partial x_2}{\partial y_1},\; \ldots,\; \frac{\partial x_n}{\partial y_1}.$$

Es muß daher

$$(16) \qquad \frac{\delta x_k}{\delta y_i} = \xi_{(i)}^{k} (x_1 \, x_2 \ldots x_n)$$

sein, worin

$$\mathfrak{e}_i = (\xi_{(i)}^{1}, \; \xi_{(i)}^{2}, \; \ldots, \; \xi_{(i)}^{n}) \qquad \text{für} \quad i = 1, \, 2, \, \ldots, \, n$$

n unabhängige Vektorfelder sind, welche den Gleichungen (15) genügen. Wählen wir dafür etwa diejenigen, welche an der Stelle $x_k = x_k^0$ die Komponenten $\xi_{(i)}^{k} = \delta_i^{k}$ besitzen, so haben die Gleichungen (16) eine und nur eine Lösung $x_k (y_1 \, y_2 \ldots y_n)$, die sich im Nullpunkt der y-Koordinaten auf die Werte x_k^0 reduziert; denn die Integrabilitätsbedingungen für das System der Gleichungen (16) sind, wie eine leichte Rechnung lehrt, erfüllt zufolge der Symmetrie der Γ. Die besondere Auswahl der n unabhängigen Vektorfelder durch die Anfangsbedingungen hat zur Folge, daß die zwischen den x und y vermittelnden Transformationsformeln im Nullpunkt, bis auf die linearen Glieder genau, so lauten:

$$x_k - x_k^0 = y_k + \ldots$$

Endlich der dritte und letzte Schritt: Ist unser ebener Raum metrischer Natur, so folgt aus der Integrabilität der Vektorübertragung selbstverständlich die Integrabilität der Streckenübertragung. Darum ist der metrische Raum notwendig ein RIEMANNscher, und wir können die Normaleichung einführen, in welcher die lineare Fundamentalform verschwindet. Außerdem verwenden wir das eben konstruierte lineare Koordinatensystem, das wir jetzt mit x statt mit y bezeichnen. Da in ihm die Komponenten des affinen Zusammenhangs überall Null sind, verschwinden gemäß den Gleichungen (8), welche die Metrik mit dem affinen Zusammenhang verbinden, alle Ableitungen der g_{ik}, und darum sind die g_{ik} Konstante. Ein ebener metrischer Raum ist demnach EUKLIDisch in dem Sinne, daß in ihm Eichung und Koordinatensystem sich so wählen lassen, daß die lineare Fundamentalform verschwindet und die quadratische konstante Koeffizienten bekommt. *Die Bedingung: Vektorwirbel = o, ist notwendig und hinreichend für die so verstandene Euklidizität.* Die Frage nach der infinitesimalen Charakterisierung des EUKLIDischen Raumes ist damit erledigt (Anhang 4).

Ihre Beantwortung bildet aber für uns nur die Vorbereitung für eine allgemeinere Frage, mit der wir dem Raumproblem abermals einen wesentlichen Schritt näherrücken. Es liegt in der Natur des Raumes als Form der Erscheinungen, daß er *homogen* ist; im Orte als solchem liegen keine inneren Unterschiede der räumlichen Dinge begründet. Ist die metrische Struktur fest mit dem Raume verbunden und nicht abhängig von seiner materiellen Erfüllung, so muß deshalb die metrische Struktur der Forderung der Homogenität genügen. Es entsteht somit die Frage: *Welche metrischen Räume sind metrisch homogen?* Jeder von Ihnen wird fühlen, daß wir damit auf den Kernpunkt des Raumproblems loszielen. Vielleicht, könnte man zunächst meinen, ist der EUKLIDische Raum der einzige homogene.

Das ist aber gewiß nicht richtig; die n-dimensionale Kugel im $(n+1)$-dimensionalen EUKLIDischen Raum ist ja auch eine metrisch homogene RIEMANNsche Mannigfaltigkeit. Den Begriff der Kugel formuliere ich, um den Fall der negativen Krümmung sogleich mit zu umfassen, folgendermaßen: es sei

$$(xx) = x_1^2 + x_2^2 + \ldots + x_n^2$$

die quadratische Einheitsform, (xy) die zugehörige symmetrische Bilinearform, λ eine Konstante, so ist das durch die Gleichung

$$x_0^2 + \lambda \cdot (xx) = 1$$

im $(n+1)$-dimensionalen EUKLIDischen Raum mit der (unter Umständen nicht positiv-definiten) metrischen Fundamentalform

$$\frac{dx_0^2}{\lambda} + (dx, dx)$$

definierte Gebilde die Kugel von der Krümmung λ. Ist $\lambda > 0$, so braucht man nur an Stelle von x_0 die Koordinate $x'_0 = \dfrac{x_0}{\sqrt{\lambda}}$ zu benutzen, um auf die gewöhnliche Erklärung zu kommen, nämlich die Gleichung

$$x_0'^2 + (xx) = \frac{1}{\lambda}$$

und die Fundamentalform

$$dx_0'^2 + (dx, dx).$$

Drückt man x_0 durch die übrigen Koordinaten aus:

$$x_0\, dx_0 = -\lambda (x, dx); \quad dx_0^2 = \frac{\lambda^2 (x, dx)^2}{1 - \lambda (xx)},$$

so erhält man als metrische Fundamentalform der λ-Kugel:

$$ds^2 = (dx, dx) + \frac{\lambda (x, dx)^2}{1 - \lambda (xx)}.$$

Hierin liegt also die eigentliche selbständige Erklärung des Begriffs; wie man sieht, erfordert sie nicht die Unterscheidung der Fälle $\lambda \gtreqless 0$. Die Koordinaten sind auf denjenigen Spielraum zu beschränken, in welchem $1 - \lambda (xx) > 0$ ist. Die Homogenität der λ-Kugel gibt sich in den folgenden Tatsachen kund: Die linearen orthogonalen Transformationen der Koordinaten $x_1\, x_2 \ldots x_n$ liefern diejenigen kongruenten Abbildungen der Kugel auf sich selber, bei welcher der Nullpunkt O fest bleibt, die Drehungen um den Nullpunkt. Außerdem aber ist es möglich, die Kugel kongruent so auf sich selber abzubilden, daß dabei der Nullpunkt in einen beliebigen Punkt übergeht. Durch Drehung des Koordinatensystems um O können wir erreichen, daß dieser Punkt die Koordinaten

$$(x_0 = a_0), \quad x_1 = a_1, \quad x_2 = x_3 = \ldots = x_n = 0$$

hat; dann wird eine derartige Bewegung durch die Formeln geliefert:

$$\begin{cases} x'_0 = a_0 x_0 - \lambda a_1 x_1, \\ x'_1 = a_0 x_1 + a_1 x_0, \\ x'_i = x_i \quad (i = 2, 3, \ldots, n). \end{cases}$$

Im Fall $\lambda = 0$ haben wir die EUKLIDische, im Falle $\lambda > 0$ die sphärische, im Fall $\lambda < 0$ die BOLYAI-LOBATSCHEWSKYsche Geometrie.

Wir werden zeigen: *Die Kugeln sind die einzigen homogenen metrischen Räume.* Was ist damit für das Raumproblem gewonnen? Es zerlegt sich für uns in drei Teile:

I. Frage nach dem inneren Grund für die Struktur des allgemeinen metrischen (oder des RIEMANNschen) Raumes.

II. Durch die Forderung der Homogenität, die im Wesen des Raumes liegt, werden aus den metrischen Räumen die Kugeln ausgeschieden.

III. Durch welche einfachen Merkmale ist unter den »Kugeln« die »Ebene«, die Kugel von der Krümmung $\lambda = 0$, der EUKLIDische Fall ausgezeichnet? Oder muß man etwa mit der Möglichkeit rechnen, daß der wirkliche Raum nicht ein EUKLIDischer, sondern ein Kugelraum ist, dessen Krümmung λ von 0 abweicht? — Von diesen drei Teilen wird der mittlere, II, durch unseren Satz erledigt; er reduziert das Raumproblem auf I und die Beantwortung der Frage III, die elementaren Charakter trägt.

Durch die allgemeinen Postulate der Infinitesimalgeometrie ist bereits dafür Sorge getragen, daß die *Natur der Metrik, des metrischen und des affinen Zusammenhangs* an jeder Stelle des Raumes die gleiche ist. Fordern wir, daß in einem Punkte *alle Richtungen gleichwertig* sind, so muß die quadratische Fundamentalform ds^2 definit sein, denn sonst besteht Ungleichartigkeit zwischen den beiden Klassen von Richtungen, für welche ds^2 positiv bzw. negativ ist (den raum- und den zeitartigen Richtungen, wie sie in der vierdimensionalen Welt genannt werden).

Sollen ferner *alle zweidimensionalen Flächenelemente an einer Stelle gleichwertig* sein, so muß der Streckenwirbel verschwinden. Denn sonst würden sich alle Strecken beim Umfahren eines gewissen Flächenelements vergrößern, beim Umfahren des entgegengesetzten Flächenelements (oder, wie man meistens sagt, desselben Flächenelements im umgekehrten Sinne) verkleinern, und darin ist eine Ungleichwertigkeit dieser beiden Flächenelemente enthalten. Also haben wir es gewiß mit einem *Riemannschen Raum* zu tun, dessen metrische Fundamentalform positiv-definit ist. Weiter drücken wir aus: *Das Gesetz, nach welchem sich aus dem Flächenelement $\Delta\sigma$ die Drehung bestimmt, die der Kompaßkörper erfahren hat, nachdem sein Zentrum um $\Delta\sigma$ herumgeführt ist, soll unabhängig sein von Lage und Orientierung des Flächenelements.* Das geschieht durch die eine willkürliche Konstante λ enthaltenden Gleichungen

$$(17) \qquad F^i_{k,\alpha\beta} = \lambda \left(\delta^i_\alpha g_{k\beta} - \delta^i_\beta g_{k\alpha} \right),$$

die somit charakteristisch sind für ein metrisches Feld von gleichförmigem Wirbel. Zum Beweise fassen wir lediglich die unendlich kleine Drehung ins Auge, die der Kompaßkörper beim Umfahren des Flächenelements $\varDelta\sigma$ *in der Ebene dieses Elements selber* erlitten hat; wir bestimmen also nur die Änderung $\varDelta\mathfrak{x}$ eines in der Ebene dieses Elementes gelegenen Vektors $\mathfrak{x}$, und abstrahieren weiter, indem wir $\varDelta\mathfrak{x}$ spalten in eine in $\varDelta\sigma$ gelegene und eine zu $\varDelta\sigma$ normale Komponente: $\varDelta_t\mathfrak{x} + \varDelta_n\mathfrak{x}$, von der letzteren. Es entsteht $\mathfrak{x} + \varDelta_t\mathfrak{x}$ aus $\mathfrak{x}$ durch eine infinitesimale Drehung in der Ebene von $\varDelta\sigma$. Ihr unendlich kleiner Drehwinkel heiße $\varDelta\omega$, wobei der Sinn, in welchem das Flächenelement umfahren wird, als der positive gilt; $\varDelta\sigma$ bezeichnet die absolute Größe des umfahrenen Flächenelements mit den Komponenten $(\varDelta x)^{ik}$. Dann erhält man durch Übersetzung der geschilderten Konstruktion in Formeln (Anhang 5) für die Drehung pro Flächeneinheit $\dfrac{\varDelta\omega}{\varDelta\sigma}$ einen Bruch, in dessen Zähler und Nenner je eine quadratische Form des Flächenelements steht; und zwar im Zähler die »Wirbel-Form«

$$\tfrac{1}{4} F_{ik,\,\alpha\beta} (\varDelta x)^{ik} (\varDelta x)^{\alpha\beta},$$

im Nenner das Quadrat der Größe des Flächenelementes

$$(\varDelta\sigma)^2 = \tfrac{1}{4}\left(g_{i\alpha} g_{k\beta} - g_{i\beta} g_{k\alpha}\right)(\varDelta x)^{ik} (\varDelta x)^{\alpha\beta}.$$

Im Falle homogener Wirbelverteilung muß dieser Quotient, den RIEMANN als *Krümmung* bezeichnete, eine von Ort und Orientierung des Flächenelementes unabhängige Konstante λ sein, d. h. die quadratische Form der $(\varDelta x)^{ik}$ mit den Koeffizienten

$$(18) \qquad\qquad F_{ik,\,\alpha\beta} - \lambda\left(g_{i\alpha} g_{k\beta} - g_{i\beta} g_{k\alpha}\right)$$

muß verschwinden. Nun lehrt aber eine einfache algebraische Rechnung, daß eine quadratische Form der Größen

$$(\varDelta x)^{ik} = (dx)^i (\delta x)^k - (dx)^k (\delta x)^i$$

nur dann identisch in den Variablen $(dx)^i$, $(\delta x)^i$ verschwinden kann, wenn alle ihre Koeffizienten Null sind; vorausgesetzt, daß diese Koeffizienten $f_{ik,\,\alpha\beta}$ so normiert sind, daß sie nicht bloß schiefsymmetrisch sind in dem Indexpaar $i\,k$ und dem Indexpaar $\alpha\,\beta$, sondern außerdem der Bedingung der zyklischen Symmetrie

$$f_{ik,\,\alpha\beta} + f_{i\alpha,\,\beta k} + f_{i\beta,\,k\alpha} = 0$$

genügen. Da das alles hier zutrifft, verschwinden die Ausdrücke (18) und gelten die Gleichungen (17). Und weil umgekehrt aus ihnen die Homogenität des Vektorwirbels folgt, erkennen wir nachträglich, daß diese Forderung damit voll ausgenutzt ist, obschon im Beweise nur der in der Ebene des umfahrenen Flächenelementes selbst gelegene Teil des Wirbels verwendet wurde. Die Gleichungen (17) besagen nämlich, daß $\varDelta\mathfrak{x}$ aus $\mathfrak{x}$ und dem Flächenelement $\varDelta\sigma$ nach folgender geometrischer Konstruktion gefunden wird: Man projiziert $\mathfrak{x}$ senkrecht herunter auf die Ebene des Flächenelementes und dreht die Projektion in dieser Ebene um $90°$

in demselben Sinne, in welchem das Flächenelement umfahren wird; $\dfrac{\varDelta \mathfrak{x}}{\varDelta \sigma}$ ist das λ-fache des so entstandenen Vektors.

Jetzt kommt die Hauptsache: der Nachweis, daß die Kugel von der Krümmung λ der einzige RIEMANNsche Raum ist, für den die Gleichungen (17) bestehen. Um zu einem naturgemäßen Beweise dieses Satzes geführt zu werden, bedenken wir, daß die λ-Kugel sich projektiv-treu auf einen EUKLIDischen Raum abbilden läßt (für die gewöhnliche Kugel besorgt das ja die Projektion vom Zentrum aus). Wir werden demnach zunächst zu beweisen suchen, daß ein RIEMANNscher Raum von homogenem Wirbel notwendig die projektive Beschaffenheit des EUKLIDischen hat. Nehmen wir mit dem affinen Zusammenhang unseres Raumes eine solche virtuelle Änderung $[\Gamma_{rs}^i]$ vor, welche die projektive Beschaffenheit unangetastet läßt, so gelten, wie wir in einer früheren Vorlesung sahen, Gleichungen von der Form

$$(19) \qquad - [\Gamma_{rs}^i] = \delta_r^i\,\psi_s + \delta_s^i\,\psi_r.$$

Berechnen wir die damit verbundene Änderung der Wirbelkomponenten, so finden wir, wenn

gesetzt wird:
$$\Psi_{ik} = \left(\frac{\partial \psi_i}{\partial x_k} - \Gamma_{ik}^r\,\psi_r\right) + \psi_i\,\psi_k$$

$$[F_{k\alpha\beta}^i] = \delta_k^i\,(\Psi_{\alpha\beta} - \Psi_{\beta\alpha}) + (\delta_\alpha^i\,\Psi_{k\beta} - \delta_\beta^i\,\Psi_{k\alpha}).$$

Durch jene Änderung wird also der Vektorwirbel zu Null gemacht, wenn wir die ψ_i so wählen, daß sie den Differentialgleichungen

$$(20) \qquad \Psi_{ik} + \lambda g_{ik} = 0$$

genügen. Deren Integrabilitätsbedingungen sind aber, wie man nachrechnen muß, zufolge der Beziehungen (17) erfüllt; und darum läßt sich in der Tat eine einzige Lösung ermitteln, deren Komponenten ψ_i im beliebig angenommenen Nullpunkt verschwinden. Darauf bestimmen wir die linearen Koordinaten, in welchen die Komponenten des abgeänderten affinen Zusammenhanges identisch Null sind; wir bezeichnen sie mit x_i. Sie lassen sich derart wählen, daß sie selber im Nullpunkt verschwinden und daselbst

$$(21) \qquad g_{ik}\,dx_i\,dx_k \ \text{die CARTESische Gestalt}\ (dx,\,dx)$$

annimmt. Mit diesen Koordinaten x_i kehren wir jetzt zum ungeänderten affinen Zusammenhang zurück, für dessen Komponenten wir nach (19) die Werte finden

$$\Gamma_{rs}^i = \delta_r^i\,\psi_s + \delta_s^i\,\psi_r.$$

Infolgedessen wird

$$(22) \qquad \frac{\partial g_{ik}}{\partial x_r}\,(= \Gamma_{i,kr} + \Gamma_{k,ir}) = g_{ir}\,\psi_k + g_{kr}\,\psi_i + 2g_{ik}\,\psi_r,$$

und die Gleichungen (20) lauten

$$(23) \qquad \frac{\delta \psi_i}{\delta x_k} - \psi_i \psi_k + \lambda g_{ik} = 0 \cdot$$

Fassen wir (22), (23) als Bestimmungsgleichungen für die Unbekannten ψ_i und g_{ik} auf, so können sie offenbar nur eine einzige Lösung besitzen, welche im Nullpunkt den Anfangsbedingungen $\psi_i = 0$ und (21) genügt. Das aber ist, wie wir wissen, die Kugel von der Krümmung λ. Damit ist das Problem, unter den metrischen Räumen die homogenen ausfindig zu machen, vollständig gelöst. (Anhang 6.) Die homogenen Maßbestimmungen, deren nach unserem Ergebnis der gewöhnliche projektive Raum fähig ist, sind bekanntlich zuerst von CAYLEY angegeben worden; ihr Zusammenhang mit der nichteuklidischen Geometrie wurde von KLEIN aufgedeckt.

Fünfte Vorlesung.

Wir hatten das Raumproblem in drei Teile · zerlegt:

I. Begründung der allgemeinen metrischen oder RIEMANNschen Infinitesimalgeometrie;

II. durch die Forderung der Homogenität werden daraus die Kugelräume ausgeschieden;

III. Frage: Durch welche Eigenschaften grundsätzlicher Natur ist unter den Kugeln diejenige von der Krümmung $\lambda = 0$ ausgezeichnet?

Nachdem wir jetzt II. bewiesen haben, wenden wir uns der unter I. gestellten Aufgabe zu. Von zwei Annahmen ging die RIEMANNsche Geometrie aus: a) Meßbarkeit der Linienelemente, b) Gültigkeit des PYTHAGORAS im Unendlichkleinen. RIEMANN selbst streift die Möglichkeit, das ds als die 4. Wurzel aus einem homogenen Polynom 4. Ordnung der Differentiale anzusetzen mit Koeffizienten, welche im allgemeinen von Stelle zu Stelle veränderlich sind, oder als die 6. Wurzel aus einer ganzen rationalen Form 6. Grades, usf. Er motiviert die Beschränkung auf den PYTHAGOREIschen Fall b) beiläufig in folgender Weise: Versteht man unter einem Kreis um den Punkt O den geometrischen Ort aller Punkte, welche auf kürzesten Linien gemessen einen festen Abstand von O besitzen, so nehme man an, daß die Schar der Kreise um O durch eine analytische Gleichung $F(x_1 x_2 \ldots x_n) = $ const. gegeben sei. Dann muß die TAYLOR-Entwicklung von F um den Punkt O herum mit den quadratischen Gliedern beginnen, die zusammen eine quadratische Form ausmachen werden, welche beständig $\geqq 0$ ist. Verschwindet sie nicht, sondern gilt in allen Richtungen das Zeichen > 0, so kommen wir auf das PYTHAGOREIsche ds. Auf diese Begründung, welche die höheren Fälle als Ausartungen erscheinen läßt, wird man kaum allzu viel Wert legen dürfen. Übrigens, scheint mir, sind auch die von RIEMANN zum Vergleich herangezogenen höheren Fälle nach einem allzu formalen Prinzip konstruiert. Man wird doch wohl verlangen müssen, daß die Natur der Metrik an jeder Stelle des Raumes die gleiche ist;

d. h. man wird fordern, daß, wenn an einer beliebigen Raumstelle P das ds durch einen Ausdruck $f_P(dx_1, dx_2, \ldots, dx_n)$ gegeben ist, wo f_P eine homogene (aber keineswegs notwendig rationale) Funktion 1. Ordnung seiner Argumente ist, die den verschiedenen Stellen P zugehörigen Funktionen f_P alle einer einzigen Klasse (f) angehören in dem Sinne, daß sie alle aus einer solchen Funktion f durch homogene lineare Transformation der Argumente hervorgehen; denn an den Differentialen dx_i äußert sich ja der Übergang zu einem beliebigen anderen Koordinatensystem als willkürliche lineare Transformation. Im PYTHAGOREIschen Falle ist diese Forderung erfüllt, weil jede positiv-definite quadratische Form durch lineare Transformation aus der Einheitsform gewonnen werden kann. Jeder solchen Klasse (f) homogener Funktionen entspricht eine Raumklasse mit bestimmt gearteter Metrik; unter diesen Raumklassen ist die PYTHAGOREIsch-RIEMANNsche, welche der Annahme

$$f^2 = (\xi^1)^2 + (\xi^2)^2 + \cdots + (\xi^n)^2$$

entspricht, *eine einzige*; und es gilt diese Klasse durch innere einfache Eigenschaften aus allen anderen herauszuheben.

Dies ist zuerst HELMHOLTZ auf die befriedigendste Weise gelungen[*]. Seine Begründung bedarf nicht einmal der Annahme a) von der Meßbarkeit der Linienelemente; sie bedient sich vielmehr allein des wahren Grundbegriffs der Geometrie, des Begriffs der kongruenten Abbildung, und charakterisiert die Raumstruktur allein und vollständig durch ihre Homogenität. HELMHOLTZ fordert, kurz gesagt, vom Raum die volle Homogenität des EUKLIDischen; er verlangt, daß *ein starrer Körper in ihm diejenige freie Beweglichkeit besitzt, welche ihm im Euklidischen Raume zukommt.* Solange man auf dem Standpunkt der EUKLIDischen Geometrie steht, ist eine vollkommenere Lösung des Raumproblems nicht denkbar. Die Formulierungen und Beweise von HELMHOLTZ erfordern im einzelnen eine strengere Fassung, die SOPHUS LIE mit Hilfe der von ihm ausgebildeten gruppentheoretischen Begriffe vornahm[**]. Von LIE rührt auch die Verallgemeinerung auf den Fall einer beliebigen Dimensionszahl n her; HELMHOLTZ hatte sich, der Wirklichkeit zugewendet, auf $n = 3$ beschränkt. Die beste Fassung der HELMHOLTZschen Homogenitätsforderung für den n-dimensionalen Raum scheint mir die folgende zu sein: *Die Gruppe der kongruenten Abbildungen ist imstande, einen beliebigen Punkt in einen beliebigen Punkt überzuführen, außerdem bei festgehaltenem Punkt eine beliebige Linienrichtung in diesem Punkte in eine beliebige Linienrichtung daselbst, bei festgehaltenem Punkt und Linienrichtung*

---

[*] Über die Tatsachen, welche der Geometrie zugrunde liegen. Nachr. d. Ges. d. Wissensch. zu Göttingen 1868, oder Wissenschaftliche Abhandlungen, Bd. 2, Leipzig 1883, S. 618.

[**] Leipziger Ber. 1886, S. 337 ff.; 1890, S. 284—321 und S. 355—418. Seine Untersuchungen sind zusammenfassend dargestellt in LIE-ENGEL, Theorie der Transformationsgruppen, Leipzig 1893, Bd. 3, Abt. V, S. 393—543.

eine beliebige durch sie hindurchgehende Flächenrichtung in eine beliebige andere ebensolche Flächenrichtung, und so fort bis hinab zu den $(n-1)$- dimensionalen Richtungselementen. Ist aber ein Punkt, eine hindurchgehende Linienrichtung, eine durch sie hindurchgehende Flächenrichtung usf. bis hinab zu einem $(n-1)$-dimensionalen Richtungselement gegeben, so gibt es außer der Identität keine kongruente Abbildung, welche dieses System inzidenter Elemente festläßt. Behauptet wird: *Die einzigen Räume von der geschilderten Art sind die Riemannschen Kugelräume; die einzigen Gruppen der geschilderten Art sind die, welche aus den sämtlichen kongruenten Abbildungen eines Kugelraums bestehen.* Mit diesem Satz stehen wir nun endlich im Zentrum des Raumproblems selber. Für seine genaue Fassung ist noch zu bemerken, daß wir die Richtungselemente der verschiedenen Stufen stets mit einem bestimmten Richtungssinn ausgestattet denken. Ferner beachte man wohl, daß die Gleichartigkeit der Richtungselemente aller Stufen bis zur $(n-1)^{\text{ten}}$ nur zutrifft, wenn die zugrunde liegende metrische Fundamentalform definit ist; die indefiniten Fälle (MINKOWSKI-sche Geometrie) werden von der HELMHOLTZschen Formulierung nicht mit erfaßt.

Zum Beweise kommt es offenbar darauf an, einzusehen, daß notwendig ein **metrischer** Raum im PYTHAGOREischen Sinne vorliegt. Was heißt das? Die linearen Transformationen, welche die von einem Punkte P ausgehenden Linienelemente unter der Einwirkung aller kongruenten Abbildungen mit dem Fixpunkte P erfahren, bilden die *Drehungs-gruppe des Vektorkörpers* in P; wir müssen zeigen, daß diese Drehungen des Vektorkörpers eine gewisse positiv-definite quadratische Form $g_{ik}(dx)^i(dx)^k$ invariant lassen. Was wissen wir aber nach den HELMHOLTZ-schen Voraussetzungen von den Drehungen? Kurz gesagt: daß sie dem Vektorkörper freie Beweglichkeit um sein Zentrum verleihen. Es handelt sich demnach um den Beweis des folgenden Theorems:

T_n. *Im n-dimensionalen Vektorraum mit den Koordinaten x_i liege eine Gruppe homogener linearer Transformationen vor, welche dem Vektorkörper freie Beweglichkeit um sein Zentrum O verleiht.* D. h. es sei mit Hilfe einer zu der Gruppe gehörigen Transformation möglich, ein beliebiges System inzidenter Richtungselemente von der 1ten bis zur $(n-1)^{\text{ten}}$ Stufe in O in ein beliebiges anderes derartiges System überzuführen; hingegen sei die Identität die einzige Operation der Gruppe, welche ein solches System von Richtungselementen festläßt. *Dann existiert notwendig eine positiv-definite quadratische Form*

$$(24) \qquad \sum_{ik} g_{ik}\, x_i\, x_k,$$

welche bei allen Transformationen der Gruppe ungeändert bleibt.

Durch geeignete Wahl der Koordinaten können wir bewirken, daß die quadratische Form (24) die Einheitsform ist. Die homogenen linearen Transformationen, welche die Einheitsform ungeändert lassen, zerfallen bekanntlich in zwei Klassen: die positiven von der Determinante $+ 1$, die negativen von der Determinante $- 1$; die positiven bilden für sich eine Gruppe, die *Gruppe der Euklidischen Drehungen.* Unser Theorem läßt sich dahin präzisieren, daß die Gruppe, welche den im Satze angegebenen Voraussetzungen genügt, sich durch homogene lineare Transformation der Koordinaten in die volle EUKLIDische Drehungsgruppe überführen läßt. Zwei Gruppen linearer Abbildungen, welche selber durch eine lineare Transformation ineinander übergeführt werden können, nennen wir *von der gleichen Art*; sie unterscheiden sich voneinander nur durch die »Orientierung«, durch die Wahl des Koordinatensystems. Es gibt also nur eine einzige Art von Gruppen linearer Abbildungen des n-dimensionalen Vektorraums, welche die HELMHOLTZsche Forderung der freien Beweglichkeit erfüllen. Wir können hinzufügen, daß die invariante quadratische Form (24) durch die Gruppe selber bis auf einen willkürlichen konstanten positiven Proportionalitätsfaktor c bestimmt ist; oder, was dasselbe besagt: eine quadratische Form, welche bei allen EUKLIDischen Drehungen ungeändert bleibt, hat notwendig die Gestalt

$$c\left(x_1^2 + x_2^2 + \ldots + x_n^2\right).$$

Das brauche ich wohl nicht ausdrücklich zu beweisen.

Ist die Gültigkeit des Theorems T_n gesichert, so können wir weiter so schließen. Wir wählen in dem Raum, der dem HELMHOLTZschen Postulat genügt, einen willkürlichen Anfangspunkt O. In ihm bestimmen wir vermöge des Satzes T_n die quadratische Differentialform $g_{ik}\,(dx)^i\,(dx)^k$, welche ungeändert bleibt bei allen kongruenten Abbildungen mit dem Fixpunkt O. Zwei Linienelemente in O sind dann und nur dann einander kongruent, wenn für sie diese Differentialform den gleichen Wert besitzt; unser Raum ist also in O mit einer positiv-definiten Metrik ausgestattet. Wir eichen den Raum in O, indem wir den zur Verfügung bleibenden Faktor in der metrischen Fundamentalform festlegen. Was so in O geschehen ist, können wir ebenso gut an jeder anderen Stelle P des Raumes vornehmen; viel bequemer aber ist es, vermöge irgendeiner derjenigen kongruenten Abbildungen des Raumes, welche O in P überführen, die metrische Fundamentalform von O nach P zu verpflanzen. Damit erhalten wir dann zugleich eine einheitliche Eichung der ganzen Mannigfaltigkeit von O aus und erkennen, daß wir es mit einem *Riemannschen Raume* zu tun haben, dessen Metrik auf einer positiv-definiten quadratischen Differentialform beruht. Zwei Linienelemente an derselben oder an verschiedenen Stellen sind kongruent, sie können durch eine kongruente Abbildung dann und nur dann ineinander übergeführt werden, wenn für sie die so determinierte metrische Fundamentalform den gleichen Wert besitzt. Hier greifen jetzt unsere Untersuchungen über den RIEMANNschen Raum ein: da wir vermöge kongruenter Abbildung jeden Punkt in jeden andern überführen können, ferner auch imstande sind, jedes zweidimensionale Richtungselement in P in jedes andere zu verwandeln, muß der früher betrachtete Quotient $\dfrac{\varDelta\omega}{\varDelta\sigma}$ zwischen Drehwinkel $\varDelta\omega$ des Kompaßkörpers in der Ebene des umfahrenen Flächenelements $\varDelta\sigma$ und der Größe dieses Flächenelements unabhängig sein von Ort und Orientierung des Flächenelements. Daraus folgt aber, wie wir sahen, daß der RIEMANNsche Raum eine *Kugel* ist. Im Falle der Dimensionszahl $n = 2$ ist dieser Schluß unverändert gültig, obwohl hier die beiden einzigen Richtungselemente 2. Stufe in einem Punkte (sie sind entgegengesetzt gleich) nicht durch Drehung ineinander verwandelt werden können; da aber $\dfrac{\varDelta\omega}{\varDelta\sigma}$ von dem Richtungssinn des Elementes $\varDelta\sigma$ gar nicht abhängt, ist das irrelevant. (Anhang 7.)

Unsere Untersuchung der RIEMANNschen Geometrie setzt uns also in den Stand, das HELMHOLTZsche Problem, welches zunächst ein solches über *beliebige* kontinuierliche Transformationsgruppen ist, zurückzuführen auf das Theorem T$_n$, das nur von Gruppen *linearer* Transformationen handelt; das ist offenbar ein bedeutender Schritt zur Lösung. Der Satz T$_n$ möge hier auf dem von S. LIE angegebenen Wege bewiesen werden. Dazu bedürfen wir einiger Grundbegriffe aus der LIEschen *Theorie der kontinuierlichen Transformationsgruppen*, die für alles Folgende fundamental sind*). Ich erläutere sie zunächst an der EUKLIDischen Drehungsgruppe.

Wie können wir die Art der Beweglichkeit eines im EUKLIDischen Raum um einen festen Punkt O drehbaren Körpers beschreiben? Er vermag ∞^3 verschiedene Lagen anzunehmen. Jede Lage entspringt aus der Anfangslage vermöge einer Transformation des Raumes; die ∞^3 »Dreh-Transformationen« bilden eine Gruppe. Ein den Raum erfüllendes substantielles Medium bewegt sich als ein starrer Körper um O, wenn die Lage aller Punkte in jedem Augenblick durch eine Dreh-Transformation aus der Anfangslage hervorgeht. Das ist eine Beschreibung der Beweglichkeit des starren Körpers durch die Gruppe der Dreh-Transformationen, bei welcher die Lage in jedem Augenblick mit der Anfangslage verglichen wird unter Überspringung der zwischenliegenden Zustände. Viel anschaulicher, natürlicher und zudem rein infinitesimal ist die Auffassung der kontinuierlichen Bewegung als einer solchen, bei welcher die Lage des Körpers von Augenblick zu Augenblick durch eine infinitesimale Dreh-Transformation verändert wird, als eine *integrale Aneinanderreihung infinitesimaler Dreh-Transformationen*. Verwenden wir CARTESIsche Koordinaten mit O als Anfangspunkt, so wird eine inf. Dreh-Transformation dargestellt durch eine Gleichung

$$dx_i = \sum_k v_{ik} x_k$$

---

*) Vgl. das schon oben zitierte große Werk von LIE und ENGEL, Theorie der Transformationsgruppen (3 Bände).

mit konstanten inf. Koeffizienten v_{ik}, die solche Werte besitzen müssen, daß identisch in x_i

$$\frac{1}{2} d \left(\sum_i x_i^2 \right) = \sum_i x_i dx_i = 0$$

ist, d. h.

$$\sum_{ik} v_{ik} x_i x_k = 0 \, ;$$

oder die Matrix der v_{ik} muß schiefsymmetrisch sein. Um den anfechtbaren Begriff des Unendlichkleinen zu vermeiden, ersetzen wir die inf. Drehung durch ihr Geschwindigkeitsfeld u^i. Eine kontinuierliche Bewegung des starren Körpers um O ist also dadurch charakterisiert, daß sein Geschwindigkeitsfeld u^i in jedem Augenblick sich durch eine Formel darstellt

$$(25) \qquad\qquad u^i = \sum_k v_{ik} x_k$$

mit schiefsymmetrischen, vom Orte unabhängigen Koeffizienten v_{ik}. Die Gesamtheit dieser Geschwindigkeitsfelder bezeichnen wir als *die infinitesimale Euklidische Drehungsgruppe*. Die Ersetzung der endlichen Gruppe durch die infinitesimale — das ist wieder der »Rückgang aufs Unendlichkleine«! — ist einer der Hauptgedanken der Lieschen Theorie. Die Geschwindigkeitsfelder (25) der starren Bewegungen bilden eine lineare Schar von 3, im n-dimensionalen Raum von $\dfrac{n(n-1)}{2}$ Dimensionen. Bezeichnen wir das durch

$$u^i = x_k, \quad u^k = - x_i, \qquad u^r = 0 \ \text{für} \ r \neq i, \, k$$

definierte Feld mit $S^{(ik)} (i \neq k)$, so bilden offenbar die sämtlichen $S^{(ik)}$ mit $i < k$ eine Basis der inf. Drehungsgruppe; denn deren allgemeines Geschwindigkeitsfeld setzt sich linear aus den $S^{(ik)}$ mit konstanten Koeffizienten zusammen: $\displaystyle\sum_{i<k} v_{ik} S^{(ik)}$. Übrigens ist $S^{(ki)} = - S^{(ik)}$.

Übertragen wir die Idee der infinitesimalen Operation auf eine beliebige Transformationsgruppe! Eine Transformation des n-dimensionalen Zahlenraumes wird gegeben durch Gleichungen von der Form

$$x_i' = \varphi_i(x_1 x_2 \ldots x_n) \qquad (i = 1, \, 2 \ldots, \, n).$$

Liegt eine kontinuierliche r-parametrige Mannigfaltigkeit solcher Transformationen vor, so werden die Funktionen φ_i außer von den Punktkoordinaten x_i noch von r Parametern $t_1 \, t_2 \ldots t_r$ abhängen. Wir setzen voraus, daß sie eine Gruppe bilden. Dann kommt unter ihnen die Identität vor, und wir dürfen annehmen, sie ergebe sich für die Parameterwerte $t_1 = t_2 = \ldots = t_r = 0$. Wir fingieren ein den Raum erfüllendes substantielles Medium, das aller und nur solcher Bewegungen fähig ist, bei welchen in jedem Augenblick die Lage aller Punkte aus der Anfangslage durch eine Transformation unserer Gruppe hervorgeht; dieses Medium besitzt dann r Freiheitsgrade. Einfacher und anschaulicher können wir aber die möglichen Bewegungen dieses Mediums als integrale Aneinanderreihung solcher inf. Deformationen beschreiben, wie sie durch die inf. Operationen unserer Gruppe bewirkt werden. Die inf. Operationen erhält man, wenn man den t_i unendlich wenig von o abweichende Werte dt_i erteilt; die zugehörige inf. Deformation ist gegeben durch

$$dx_i = \left(\frac{\partial \varphi_i}{\partial t_1}\right) dt_1 + \left(\frac{\partial \varphi_i}{\partial t_2}\right) dt_2 + \cdots + \left(\frac{\partial \varphi_i}{\partial t_r}\right) dt_r \,.$$

Die Einklammerung bedeutet, daß die Differentialquotienten für $t_1 = t_2 = \ldots = t_r = $ o zu nehmen sind. Das Geschwindigkeitsfeld u^i hat demnach für die möglichen Bewegungen unseres Mediums stets die Form

$$u^i = \left(\frac{\partial \varphi_i}{\partial t_1}\right) a_1 + \left(\frac{\partial \varphi_i}{\partial t_2}\right) a_2 + \cdots + \left(\frac{\partial \varphi_i}{\partial t_r}\right) a_r \,,$$

wo a_1, a_2, ..., a_r vom Orte unabhängige Konstante sind. Die Geschwindigkeitsfelder von dieser Form bilden offenbar eine r-dimensionale lineare Schar $\mathfrak{g}$; sie bezeichnen wir als *die infinitesimale Bewegungsgruppe* des Mediums. Als die Änderung einer beliebigen Ortsfunktion f bei einer derartigen inf. Bewegung d bezeichnen wir mit Lie den Ausdruck

$$df = \frac{\partial f}{\partial x_1} \cdot u^1 + \frac{\partial f}{\partial x_2} \cdot u^2 + \cdots + \frac{\partial f}{\partial x_n} \cdot u^n \,.$$

Danach ist $dx_i = u^i$, und die Gleichungen

$$dx_1 = u^1, \quad dx_2 = u^2, \ldots, \quad dx_n = u^n$$

dienen uns zur Darstellung der infinitesimalen Operation. Die lineare Schar $\mathfrak{g}$ der Geschwindigkeitsfelder muß einer gewissen *Integrabilitätsbedingung* genügen, in der sich die Gruppeneigenschaft ausspricht; wir finden sie, indem wir ausdrücken, daß mit zwei unendlich wenig von der Identität abweichenden Transformationen S und T der Gruppe auch der »Kommutator« $S^{-1}T^{-1}ST$ zur Gruppe gehört; und bekommen: Mit zwei zu $\mathfrak{g}$ gehörigen Geschwindigkeitsfeldern $dx_i = u^i$, $\delta x_i = v^i$ muß immer auch das Feld

$$\delta d x_i - d\delta x_i = [uv]^i = \frac{\partial u_i}{\partial x_k} \cdot v^k - \frac{\partial v^i}{\partial x_k} \cdot u^k$$

in $\mathfrak{g}$ auftreten. In der Tat: sei $dx_i = x_i(\text{o}1) - x_i(\text{oo})$ die durch die Operation S bewirkte unendlichkleine Verrückung des Punktes $P = (\text{oo})$. Durch T gehe dieses Linienelement (vgl. Abb. 6 auf S. 20) über in $x_i(11) - x_i(1\text{o})$; die korrespondierende Änderung von dx ist gegeben durch

$$\delta d x_i = x_i(11) - x_i(1\text{o}) - x_i(\text{o}1) - x_i(\text{oo}) \,.$$

Geht umgekehrt das Linienelement $\delta x_i = x_i(1\text{o}) - x_i(\text{oo})$ durch die Operation S über in $x_i(\overline{11}) - x_i(\text{o}1)$, so haben wir außerdem

$$d\delta x_i = x_i(1\overline{1}) - x_i(\text{o}1) - x_i(1\text{o}) + x_i(\text{oo}) \,.$$

Die Transformation $S^{-1}T^{-1}ST$ (von links nach rechts zu lesen!) ist es, welche den Punkt $(\overline{11})$ in (11) überführt; die durch sie bewirkte infinitesimale Verschiebung hat also die Komponenten

$$x_i(11) - x_i(\overline{11}) = \delta d x_i - d \delta x_i . -$$

Die Operation

$$w^i = \frac{\partial u^i}{\partial x_k} v^k - \frac{\partial v^i}{\partial x_k} u^k = [uv]^i ,$$

welche aus zwei Vektorfeldern u, v ein drittes w entstehen läßt, besitzt offenbar invarianten Charakter, ist unabhängig vom Koordinatensystem. (Anhang **8**.)

Insbesondere sind die »Zusammensetzungsformeln« für die inf. EUKLIDische Drehungsgruppe — da $[uu]$ immer $= 0$ ist — vollständig enthalten in den beiden Aussagen:

1) wenn 1, 2, 3 drei verschiedene Indizes sind, ist $[S^{(12)}, S^{(23)}] = S^{(13)}$;

2) wenn 1, 2, 3, 4 vier verschiedene Indizes sind, ist $[S^{(12)}, S^{(34)}] = 0$. Ich verifiziere die erste Formel:

$$
\begin{array}{l|l||l|l}
d x_1 = x_2 & \delta x_1 = 0 & \delta d x_1 = \delta x_2 = x_3 & d \delta x_1 = 0 \\
d x_2 = -x_1 & \delta x_2 = x_3 & \delta d x_2 = -\delta x_1 = 0 & d \delta x_2 = d x_3 = 0 \\
d x_3 = 0 & \delta x_3 = -x_2 & \delta d x_3 = 0 & d \delta x_3 = -d x_2 = x_1 \\
d x_i = 0 & \delta x_i = 0 & \delta d x_i = 0 & d \delta x_i = 0
\end{array}
$$

$$(i = 4, \ldots, n).$$

Indem man subtrahiert und zur Abkürzung $\delta d - d \delta$ mit $\varDelta$ bezeichnet, bekommt man

$$\varDelta x_1 = x_3, \quad \varDelta x_2 = 0, \quad \varDelta x_3 = -x_1, \quad \varDelta x_i = 0 \quad (i = 4, \ldots, n),$$

d. i. die Operation $S^{(13)}$. — Die Bestätigung der zweiten Formel ist noch einfacher.

Sechste Vorlesung.

Mit dem Gedanken der infinitesimalen Gruppe wenden wir uns zu dem Satze T_n zurück, dessen Beweis uns aufgegeben ist. Fassen wir an den von O ausstrahlenden Vektoren unseres n-dimensionalen Vektorkörpers nur die *Richtungen* ins Auge, so verwandelt er sich in den $(n-1)$-dimensionalen *Richtungskörper*, der Gesamtheit der von O ausgehenden Strahlen. Der Richtungskörper ist ein $(n-1)$-dimensionaler projektiver Raum, als dessen »Punkte« die Strahlen figurieren. Um der bequemeren Ausdrucksweise bezeichnen wir einen Punkt als Richtungselement 0ter Stufe. Beziehen wir unseren Satz T_n nur auf die Richtungen der Vektoren, so verwandelt er sich in die folgende, weniger inhaltreiche Aussage:

T'_{n-1}. *Besitzt der Richtungskörper in O freie Beweglichkeit in dem früher auseinandergesetzten Sinne, so wird die Gruppe seiner Bewegungen* *erzeugt durch die Euklidischen Drehungen um O*; oder, was genau dasselbe besagt:

T'_{n-1}. *Es sei im gewöhnlichen $(n-1)$-dimensionalen projektiven Raum mit den homogen projektiven Koordinaten $x_1 : x_2 : \ldots : x_n$ eine Gruppe projektiver Transformationen gegeben, welche, als Bewegungsgruppe des Raumes aufgefaßt, diesem freie Beweglichkeit verleiht*; d. h. es soll möglich sein, ein beliebiges System inzidenter Richtungselemente der 0ten bis $(n-2)^{\text{ten}}$ Stufe in ein beliebiges anderes derartiges System zu überführen, während die Identität die einzige Operation der Gruppe ist, welche ein solches System von Richtungselementen festläßt. *Dann stimmt diese Gruppe bei geeigneter Wahl der projektiven Koordinaten überein mit der Gruppe aller projektiven Transformationen, welche die quadratische Gleichung*

$$x_1^2 + x_2^2 + \cdots + x_n^2 = 0$$

invariant lassen.

Es ist aber auch umgekehrt leicht möglich, aus dem die homogenen Variablen betreffenden Satz T'_{n-1} den die inhomogenen Variabeln betreffenden inhaltreicheren Satz T_n wieder herzuleiten. Offenbar geht aus T'_{n-1} hervor, daß unter den Voraussetzungen des Satzes T_n bei geeigneter Wahl der linearen Koordinaten jede inf. Operation der Gruppe $\mathfrak{G}$, von welcher in T_n die Rede ist, die Gestalt besitzt:

$$dx_i = \sum_k v_{ik} x_k + a x_i,$$

wo die v_{ik} schiefsymmetrisch sind. (Zu der inf. Drehung, welche durch das erste Glied rechts dargestellt wird, tritt eventuell eine Dilatation vom Zentrum aus hinzu; das besagt der Zusatzterm $a x_i$.) So korrespondiere der inf. Drehung $S^{(ik)}$ die Operation $\overline{S}^{(ik)}$ in $\mathfrak{G}$. Nun ist aber offenbar, wenn 1 2 3 drei verschiedene Indizes sind,

$$[\overline{S}^{(12)}, \overline{S}^{(23)}] = [S^{(12)}, S^{(23)}] = S^{(13)}.$$

Es tritt also $S^{(13)}$ in $\mathfrak{G}$ auf, und damit ist der gewünschte Beweis erbracht, sofern die Dimensionszahl $n \geqq 3$ ist. Dann kann man nämlich zu irgend zwei voneinander verschiedenen Indizes 1, 3 stets einen dritten 2 finden, der weder $= 1$ noch $= 3$ ist.

Im Falle $n = 2$ läßt sich T_n aus T'_{n-1} nicht durch Betrachtung der infinitesimalen Operationen erschließen. Hier folgt vielmehr aus T'_{n-1} nur, daß bei Einführung geeigneter linearer Koordinaten die einparametrige Gruppe $\mathfrak{G}$, von welcher in T_n die Rede ist, aus der inf. Operation

$$dx_1 + i dx_2 = 2\pi i a (x_1 + i x_2)$$

entspringt und daher so gebaut sein muß:

$$x_1' + i x_2' = e^{2\pi i a t}(x_1 + i x_2).$$

i ist die imäginäre Einheit $\sqrt{-1}$, t der alle reellen Werte durchlaufende Parameter der Gruppe, a eine komplexe Zahl. Die Ebene dilatiert sich gleichzeitig, während sie rotiert; jeder Punkt beschreibt eine logarithmische Spirale. Damit durch diese Transformation *eine* Richtung in *alle* Richtungen übergeführt werden kann, darf der Realteil von α nicht verschwinden, und wir können ihn daher $= 1$ annehmen: $\alpha = 1 - ai$. Jedesmal, wenn die Ebene eine volle Drehung vollendet hat, d. i. für die ganzzahligen Werte von t, erhalten wir eine reine Dilatation. Die sukzessiven Dilatationsverhältnisse sind

$$\ldots,\; e^{-4\pi a},\quad e^{-2\pi a},\quad 1,\; e^{2\pi a},\quad e^{4\pi a},\; \ldots$$

Sofern durch den Wortlaut von T_n die Existenz derartiger Dilatationen ausgeschlossen ist, folgt jetzt, daß $a = 0$ sein muß, und wir kommen auf die reine Drehungsgruppe; die Loxodromen werden zu Kreisen. Aber man sieht: der Widerspruch gegen die Forderung von T_n, daß außer der Identität keine Transformation vorhanden sein soll, welche alle Richtungen festläßt, ereignet sich bei keiner der infinitesimalen Operationen der Gruppe, sondern erst, nachdem der Drehwinkel bis zum Vollwinkel angewachsen ist.

Wir können jetzt durch einen Induktionsschluß zum Ziele kommen, wenn es uns gelingt, auf Grund von T_n den auf den n-dimensionalen projektiven Raum bezüglichen Satz T_n' zu erschließen; nach dem Kettenschema $T_1' \to T_2 \to T_2' \to T_3 \to T_3' \ldots$ Diese Kette muß dann schließlich noch in der Gültigkeit von T_1' verankert werden. Um aber aus T_n auf T_n' zu schließen, steht uns derselbe Grundgedanke zur Verfügung, mit Hilfe dessen wir aus T_n auf den Kugelcharakter eines n-dimensionalen Raumes schlossen, der dem HELMHOLTZschen Postulate der freien Beweglichkeit genügt. Handelt es sich doch auch im Satz T_n' um eine Gruppe $\mathfrak{G}_n$ von Transformationen eines n-dimensionalen Raumes, welche ihm freie Beweglichkeit verleiht. Nur wissen wir jetzt von vornherein, daß wir es mit einem gewöhnlichen projektiven Raum zu tun haben und die Gruppe $\mathfrak{G}_n$ aus projektiven Transformationen besteht. Der zu übertragende Grundgedanke aber, von dem ich spreche, ist der folgende: Wir wählen einen beliebigen Punkt O des Raumes als Anfangspunkt; an dem Vektorkörper in O rufen die Operationen der Gruppe $\mathfrak{G}_n$ mit dem Fixpunkt O eine Gruppe $\mathfrak{g}_n$ von linearen Transformationen hervor. Da sie dem Vektorkörper freie Beweglichkeit erteilt, können wir auf $\mathfrak{g}_n$ den Satz T_n anwenden, können also schließen, daß (evtl. nach geeigneter linearer Transformation der Koordinaten) $\mathfrak{g}_n$ aus den EUKLIDischen Drehungen des Vektorkörpers um O besteht. Auf Grund dieser Tatsache müssen wir versuchen, von der nunmehr bekannten Gruppe $\mathfrak{g}_n$ aus die ganze projektive Gruppe $\mathfrak{G}_n$ aufzubauen. Dazu benutzen wir natürlich wiederum ihre infinitesimalen Operationen.

Wir verwenden im projektiven Raum *inhomogene Koordinaten* $x_1 x_2 \ldots x_n$, die in unserm Nullpunkt O verschwinden. Wie sieht denn überhaupt eine unendlich wenig von der Identität abweichende projektive Abbildung in diesen Koordinaten aus? Offenbar folgendermaßen:

$$x_i' = \frac{x_i + \varepsilon \left(\sum_k a_{ik} x_k + b_i \right)}{1 - \varepsilon \sum_k \alpha_k x_k},$$

wo a_{ik}, b_i, α_i feste Zahlen sind und ε eine infinitesimale Konstante. Die Glieder erster Ordnung in ε ergeben die inf. Operation

$$(26) \qquad d x_i = b_i + \sum_k a_{ik} x_k + x_i(\alpha x),$$

wo

$$\sum_i \alpha_i x_i = (\alpha x)$$

gesetzt ist. Man beachte das letzte Glied von quadratischem Charakter! Die drei Summanden unterscheiden wir im folgenden immer als 1., 2., 3. Glied. Für eine den Punkt O festlassende inf. projektive Abbildung fehlt das 1. Glied, die Serie b_i. An dem Vektorkörper in O induziert sie die lineare Abbildung

$$d x_i = \sum_k a_{ik} x_k,$$

welche sich aus ihr durch Fortstreichen des 3. Gliedes ergibt.

Wir fassen also jetzt von unserer inf. projektiven Gruppe $\mathfrak{G}_n$, welche dem n-dimensionalen projektiven Raum freie Beweglichkeit verleiht, die Untergruppe $\mathfrak{G}_n^{(O)}$ derjenigen Operationen ins Auge, welche O fest lassen, und die inf. Gruppe $\mathfrak{g}_n$ linearer Transformationen, welche sie am Vektorkörper in O induziert. Jeder Operation von $\mathfrak{g}_n$

$$d x_i = \sum_k a_{ik} x_k$$

entspricht eine und nur eine Operation von $\mathfrak{G}_n^{(O)}$, welche die Gestalt besitzt

$$d x_i = \sum_k a_{ik} x_k + x_i(\alpha x).$$

Nach dem Satze T_n, dessen Gültigkeit wir voraussetzen, ist $\mathfrak{g}_n$ die inf. Euklidische Drehungsgruppe, für welche die früher erklärten Operationen $S^{(ik)}$ eine Basis bilden.

$$S^{(12)} : d x_1 = x_2, \quad d x_2 = - x_1, \quad d x_i = 0 \quad \text{für} \quad i \neq 1, 2.$$

Der Operation $S^{(ik)}$ in $\mathfrak{g}_n$ korrespondiere $\overline{S}^{(ik)}$ in $\mathfrak{G}_n^{(O)}$; die Koeffizienten α_r des 3. Gliedes in $\overline{S}^{(ik)}$ mögen genauer mit $\alpha_r^{(ik)}$ bezeichnet werden. Wir bilden mit drei verschiedenen Indizes $i\,k\,l$:

$$[\overline{S}^{(ik)}, \ \overline{S}^{(kl)}].$$

Da das 2. Glied dieser Operation $= S^{(il)}$ ist und sie in der Gruppe auftritt, muß

$$[\overline{S}^{(ik)}, \ \overline{S}^{(kl)}] = \overline{S}^{(il)}$$

sein. Berechnet man auf Grund dieser Gleichung insbesondere den i^{ten} und den k^{ten} der n Koeffizienten $\alpha_r^{(il)}$, so findet man (Anhang 9)

1. $\alpha_i^{(i\,l)} = \alpha_k^{(k\,l)}\,;$

2. $\alpha_k^{(i\,l)} = -\,\alpha_l^{(i\,k)} - \alpha_i^{(k\,l)}$ oder $-\,\alpha_l^{(i\,k)} = \alpha_k^{(i\,l)} + \alpha_i^{(k\,l)}\,.$

Nach 2. ist $\alpha_l^{(i k)}$ *symmetrisch* von den beiden Indizes $i\,k$ abhängig; da es andererseits, wie die ganze Operation $\overline{S}^{(ik)}$, *schiefsymmetrisch* von ihnen abhängt, ist $\alpha_l^{(ik)} = $ o: die α mit drei verschiedenen Indizes verschwinden. Aus 1. aber ergibt sich, daß

$$\alpha_i^{(i\,l)} = c_l \qquad (i \neq l)$$

von i unabhängig ist. Beide Behauptungen sind auch richtig im Falle $n = 2$, wo nur zwei verschiedene Indizes auftreten. Also lautet das 3. Glied in $\overline{S}^{(ik)}$ folgendermaßen:

$$dx_r = \cdots + x_r\,(c_k\,x_i - c_i\,x_k)\,.$$

Jetzt erkennt man sogleich, daß die sämtlichen Operationen $\overline{S}^{(ik)}$ die Ebene $(cx) - 1 = $ o in sich überführen; machen wir sie durch die Substitution

$$x_i' = \frac{x_i}{1 - (cx)}$$

zur unendlich fernen Ebene, so verwandelt sich $\overline{S}^{(ik)}$ in $S^{(ik)}$, und es ist $\mathfrak{G}_n^{(O)} = \mathfrak{g}_n$.

Nachdem wir so alle Operationen von $\mathfrak{G}_n$ gefunden haben, die O fest lassen, kommen zweitens diejenigen inf. Transformationen von $\mathfrak{G}_n$ an die Reihe, welche den Punkt O in die Punkte der unmittelbaren Nachbarschaft von O überführen. Sie haben die Gestalt (26); und zwar existieren in $\mathfrak{G}_n$ inf. Operationen, für welche die das 1. Glied bildenden n Zahlen b_i beliebig vorgegebene Werte haben. Darin kommt die Forderung zum Ausdruck, daß es durch $\mathfrak{G}_n$ möglich sein soll, O nach allen Punkten um O herum zu verlagern. Da wir, ohne das 1. Glied zu verändern, jede inf. Drehung um O hinzufügen können, gibt es zu vorgegebenen b_i eine und nur eine inf. Operation in $\mathfrak{G}_n$, für welche das 2. Glied den Symmetriebedingungen $a_{ik} = a_{ki}$ genügt; denn zu einer Matrix (a_{ik}) kann ich auf eine einzige Weise eine schiefsymmetrische so hinzuaddieren, daß die Summe eine symmetrische Matrix wird. Die so normierte unter den Operationen von $\mathfrak{G}_n$, für welche $b_u = 1$ ist, während alle übrigen b verschwinden, werde mit $E^{(u)}$ bezeichnet, ihre Koeffizienten im 2. und 3. Gliede mit $a_{ik}^{(u)}$, bzw. $\alpha_k^{(u)}$. Die Operationen $E^{(i)}$, $S^{(ik)}$ bilden die Basis der inf. Gruppe $\mathfrak{G}_n$. Die zusammengesetzte Operation $[E^{(1)},\,S^{(12)}]$ stimmt im 1. Glied mit $E^{(2)}$ überein; da das 2. Glied auch der Symmetriebedingung $a_{ki} = a_{ik}$ genügt und die ganze Operation zu $\mathfrak{G}_n$ gehört, muß

$$(27) \qquad\qquad [E^{(1)},\,S^{(12)}] = E^{(2)}$$

sein. Diese Gleichung (in der natürlich 1 und 2 für irgend zwei verschiedene Indizes stehen) schlachten wir jetzt aus. Berechnet man nach ihr zunächst die im 3. Glied von $E^{(2)}$ auftretende Linearform (αx), so erhält man dafür:

$$\alpha_1^{(1)} x_2 - \alpha_2^{(1)} x_1 .$$

Also fehlen alle Koeffizienten α außer dem 1ten und 2ten in $E^{(2)}$. Wenn $n \geqq 3$, spielt aber in $E^{(2)}$ der Index 1 keine andere Rolle als die übrigen von 2 verschiedenen Indizes. Darum muß auch noch der 1te Koeffizient verschwinden, d. i.

$$\alpha_2^{(1)} = 0 \quad \text{für} \quad \text{zwei verschiedene Indizes 1, 2.}$$

Außerdem zeigt der erhaltene Ausdruck, daß der Koeffizient $\alpha_2^{(2)} = \alpha_1^{(1)}$ ist. Setzen wir die vom Index unabhängige Zahl $\alpha_i^{(i)} = c$, so lautet das 3. Glied in $E^{(i)}$ also folgendermaßen:

$$dx_r = \cdots + c\, x_r\, x_i .$$

Berechnet man ferner nach derselben Gleichung (27) das 2. Glied von $E^{(2)}$, die Matrix $a_{ik}^{(2)}$, so sieht man, daß in ihr alle Glieder fehlen, außer denjenigen, welche in der 1ten oder 2ten Spalte oder Zeile stehen. Im Fall $n \geqq 3$ folgt daraus, da wiederum 1 unter den von 2 verschiedenen Indizes in $E^{(2)}$ keine Ausnahmerolle spielt, daß überhaupt alle $a_{ik}^{(2)}$ verschwinden, welche nicht in der 2ten Zeile oder Spalte stehen:

$$(28) \qquad a_{ik}^{(2)} = 0, \quad \text{wenn} \quad i \neq 2 \text{ und } k \neq 2.$$

Ersetzt man 2 durch 1, so hat man die Gleichungen:

$$a_{ik}^{(1)} = 0, \quad \text{wenn} \quad i \neq 1 \text{ und } k \neq 1 \text{ ist;}$$

von $a^{(1)}$ bleiben nur die 1te Zeile und 1te Kolonne stehen. In (28) ist insbesondere enthalten, daß $a_{11}^{(2)}$, der Koeffizient im Kreuzungspunkt der 1ten Zeile und Spalte von $a^{(2)}$ verschwindet. Für ihn liefert unsere Gleichung den Wert

$$a_{11}^{(2)} = -\, 2\, a_{12}^{(1)} ;$$

darum ist

$$a_{12}^{(1)} = a_{21}^{(1)} = 0 .$$

Das gilt für alle Indizes $2 \neq 1$. Infolgedessen behalten wir in $a^{(1)}$ jetzt nur noch den einen Koeffizienten a_{11} übrig. Im Felde 22 von $a^{(2)}$ aber bekommt man, immer aus derselben Gleichung (27):

$$a_{22}^{(2)} = 2\, a_{12}^{(1)} .$$

Darum verschwindet auch $a_{22}^{(2)}$, oder, wenn wir wieder 2 durch 1 ersetzen, der letzte noch stehen gebliebene Koeffizient in $a^{(1)}$:

$$a_{11}^{(1)} = 0 .$$

Damit ist ganz $a^{(1)}$ verschwunden, und wir bekommen für $E^{(i)}$ die Formel:

$$E^{(i)} \begin{cases} dx_i = 1 + c\, x_i^2 , \\ dx_r = c\, x_r\, x_i \quad \text{für} \quad r \neq i . \end{cases}$$

Die Konstante c ist vom Index i unabhängig.

Führt man homogene Koordinaten ein, indem man $\dfrac{x_i}{x_0}$ an Stelle von x_i schreibt, so erhält man die folgenden Ausdrücke:

$$S^{(ik)}\begin{cases} dx_i = x_k \\ dx_k = -x_i \\ dx_r = 0 \quad \text{für} \quad r \neq i, k \end{cases} ; \qquad E^{(i)}\begin{cases} dx_i = x_0 \\ dx_0 = -cx_i \\ dx_r = 0 \quad \text{für} \quad r \neq 0, i \end{cases}$$

$$(i, k = 1, 2, \ldots, n; \quad r = 0, 1, 2, \ldots, n).$$

Ist $c = 0$, so lassen alle Operationen die unendlich ferne Ebene $x_0 = 0$ fest; ist $c < 0$, bleibt die reelle Fläche 2. Ordnung

$$x_0^2 + c(x_1^2 + x_2^2 + \cdots + x_n^2) = 0$$

invariant. Beide Fälle sind ausgeschlossen, da die Forderung, daß jeder Punkt in jeden durch $\mathfrak{G}_n$ soll übergeführt werden können, für den ganzen geschlossenen projektiven Raum gilt. Es muß demnach $c > 0$ sein, und nach der Einführung von $\dfrac{x_0}{\sqrt{c}}$ an Stelle von x_0 erweist sich $\mathfrak{G}_n$ als die Gruppe aller linearen Transformationen der homogenen Variablen

$$x_0 : x_1 : \ldots : x_n,$$

welche die Gleichung

$$x_0^2 + x_1^2 + \cdots x_n^2 = 0$$

invariant lassen: *Der Beweis von* T'_n *ist auf Grund von* T_n *erbracht.*

Die letzten Überlegungen galten nur, wenn $n \geqq 3$ war. Im Falle $n = 2$ muß man, um zu den gleichen Resultaten zu gelangen, außer den Zusammensetzungsformeln

$$[E^{(1)}, \; S^{(12)}] = E^{(2)}, \quad [E^{(2)}, \; S^{(21)}] = E^{(1)}$$

noch die Operation $[E^{(1)}, \; E^{(2)}]$ zu Hilfe nehmen, welche den Nullpunkt fest läßt und daher eine inf. Euklidische Drehung sein muß. Die Rechnung verläuft etwas anders, doch brauchen wir den Kreis der infinitesimalen Operationen nicht zu verlassen.

Die Kette der Induktionsschlüsse, welche wir zum Beweise unseres Satzes T_n konstruiert hatten, muß endlich an ihrem Anfang, in der Gültigkeit von T'_1 verankert werden. T'_1 lautet: Eine Gruppe projektiver Transformationen der eindimensionalen reellen projektiven Geraden sei so geartet, daß sie jeden Punkt der Geraden in jeden Punkt überzuführen imstande ist, aber keine Operation außer der Identität auftritt, welche einen Punkt fest läßt; eine solche, offenbar einparametrige Gruppe besteht notwendig, geeignete Wahl der homogenen Koordinaten $x_0 : x_1$ vorausgesetzt, aus denjenigen projektiven Abbildungen, welche die Gleichung

$$x_0^2 + x_1^2 = 0$$

invariant lassen. Das ist aber ganz leicht einzusehen. Verwenden wir die inhomogene Koordinate $\dfrac{x_1}{x_0} = x$, so lautet der Ausdruck für eine inf. projektive Abbildung der Geraden so:

$$dx = a + bx + cx^2.$$

Diese läßt den nulldimensionalen Kegelschnitt, das durch die Gleichung

$$a + bx + cx^2 = 0$$

definierte Punktepaar, fest. Dieser Gleichung darf deshalb kein reeller Punkt genügen. Darum ist die Form

$$ax_0^2 + bx_0x_1 + cx_1^2$$

definit, und durch geeignete Wahl der Koordinaten kann der invarianten Gleichung die gewünschte Gestalt erteilt werden.

Der etwas langwierige, aber in seinem Aufbau durchsichtige Beweis von T_n ist beendet und damit das Raumproblem im Helmholtz-Lieschen Sinne erledigt. *Durch die richtig interpretierte Forderung der Homogeneität allein läßt sich die Kugelgeometrie begründen; der Wert λ der Kugelkrümmung bleibt dabei unbestimmt.* — Zum Schluß wäre noch ein Wort über den Teil III zu sagen: *Wie kann man unter den drei wesentlich verschiedenen Kugelräumen $\lambda = + 1$, $- 1$, 0 den Euklidischen von der Krümmung $\lambda = 0$ kennzeichnen?* Es ist das jedenfalls nur durch Bedingungen möglich, die einen viel weniger prinzipiellen Charakter tragen als die Helmholtzschen Homogeneitäts-Postulate. Als die nächstliegende und überzeugendste Kennzeichnung bietet sich die Aussage dar, daß *keine absolute Längeneinheit existieren soll.* Immerhin würde eine etwas tiefer eindringende gruppentheoretische Analyse dieser Forderung zeigen, daß sie gar nicht von so zwingender Einfachheit ist, wie es auf den ersten Blick den Anschein hat (Anhang 10). Unter diesen Umständen wird man fast mit Notwendigkeit dazu gedrängt, sich zu fragen, ob der wirkliche Raum am Ende gar kein Euklidischer ist, sondern ein Kugelraum von nicht verschwindender Krümmung λ; als Form der Erscheinungen zu dienen, ist jedenfalls ein derartiger Raum zufolge seiner metrischen Homogeneität ebenso geeignet wie der Euklidische. Mit diesem Fragezeichen wenden wir uns von der mathematischen Analyse wiederum der Wirklichkeit zu.

Siebente Vorlesung.

Vom Standpunkt der Erfahrung aus muß man die Tatsache anerkennen, daß sich in der Wirklichkeit während vieler Jahrhunderte die Richtigkeit der Euklidischen Geometrie immer von neuem bestätigt hat, sich sogar mit einer viel größeren Genauigkeit bestätigt hat, als sie denjenigen zur Verfügung stand, welche das Gebäude dieser Geometrie errichteten. Dennoch ist heute der Glaube an ihre strenge Gültigkeit zerbrochen durch Einsteins allgemeine Relativitätstheorie, mit Gründen, welche mir völlig zwingend erscheinen. Die Natur läßt sich nicht unter das starre Schema einer fest dem Raume innewohnenden Euklidischmetrischen Struktur beugen, sie erweist sich wieder einmal als freier, beweglicher und lebendiger denn der menschliche Geist, der sich so gern in der Endgültigkeit starrer Dogmen beruhigt. Wohl treibt uns dabei eine über die Wirklichkeit hinausweisende Sehnsucht nach dem Absoluten, aber es ist unser Fluch, daß wir mit ihr so oft, statt uns über die Wirklichkeit zu erheben, weit hinter ihr zurückbleiben. — Nach EINSTEIN ist die metrische Struktur der Welt nicht homogen. Wie ist das möglich, da doch Raum und Zeit Formen der Erscheinungen sind? Allein dadurch, daß *die metrische Struktur nicht apriori fest gegeben ist, sondern ein Zustandsfeld von physikalischer Realität, das in kausaler Abhängigkeit steht vom Zustand der Materie.* Das Wirkliche zieht in den Raum nicht ein wie in eine rechtwinklig-gleichförmige Mietskaserne, an welcher all sein wechselvolles Kräftespiel spurlos vorübergeht, sondern wie die Schnecke baut und gestaltet die Materie selbst sich dies ihr Haus. Ein Körper, der unter dem Einfluß eines Kraftfeldes eine Gleichgewichtsfigur angenommen hat, wird seine Gestalt verändern müssen, wenn er bei festgehaltenem Kraftfeld an eine anders beschaffene Stelle des Feldes geschoben wird. Wird aber das Kraftfeld von dem Körper selber erzeugt, so wird er es bei seiner Ortsveränderung mitnehmen, und das bestehende Gleichgewicht von Körper $+$ Kraftfeld wird sich erhalten. Ein biegsames Blech, das genau auf ein Stück einer krummen Fläche paßt, wird sich im allgemeinen auf der Fläche nicht so bewegen lassen, daß es sich ihr beständig anschmiegt; aber seine freie Beweglichkeit ist ihm zurückgegeben, sobald die krumme Fläche nicht festgehalten wird, sondern von dem Blech mitgenommen werden kann. Genau so ist die freie Beweglichkeit der Körper im metrischen Felde gesichert trotz seiner Inhomogeneität, wenn das metrische Feld von der Materie erzeugt wird und mit ihr sich verändert. EINSTEIN wurde zu der neuen Auffassung gedrängt, um dem *Prinzip von der Relativität der Bewegung genügen* und *die Gleichheit von träger und schwerer Masse* erklären zu können. Seine Grundannahme ist die, daß die Gravitation nicht eine *Kraft* ist, welche die Körper aus der ihnen durch das Führungsfeld vorgezeichneten Bahn ablenkt, sondern, mit der Trägheit unlöslich verbunden, im Führungsfelde enthalten ist; nur vom Standpunkte eines in bestimmtem Bewegungszustande begriffenen Bezugskörpers aus, von einem bestimmten Koordinatensystem aus trennt sich die Einheit des Führungsfeldes in die beiden Bestandteile Trägheit und Gravitation. Da wir aber wissen, daß die Gravitation von der Materie abhängt, hat diese Annahme die Konsequenz, daß das Führungsfeld und damit auch die das Führungsfeld fundierende metrische Struktur der Welt in kausale Abhängigkeit gerät von der Materie.

Aber auch EINSTEIN hält daran fest, daß die metrische Struktur der Welt überall von derjenigen Art ist, wie sie unsere allgemeine metrische Infinitesimalgeometrie voraussetzte. Daß etwas an der Struktur des extensiven Mediums der Außenwelt apriori ist, wird also nicht schlechthin geleugnet, nur die Grenze zwischen dem apriori und aposteriori wird an eine andere Stelle gesetzt. In der Tat ist auch in der allgemeinen metrischen Infinitesimalgeometrie die Natur des metrischen Feldes, die Natur der Metrik im Punkte P und des metrischen Zusammenhanges von P mit den Punkten seiner unmittelbaren Umgebung an jeder Stelle P die gleiche; sie ist wesentlich *eine* und darum absolut bestimmt, nicht teilhabend an der unaufhebbaren Vagheit dessen, was eine veränderliche Stelle in einer kontinuierlichen Skala einnimmt; in ihr spricht sich das apriorische Wesen der raum-zeitlichen Struktur aus. Aposteriori hingegen, d. h. an sich zufällig und kontinuierlicher Veränderungen fähig, in der Natur abhängig von der materiellen Erfüllung, darum auch rational niemals völlig exakt erfaßbar, sondern immer nur näherungsweise und unter Zuhilfenahme unmittelbarer anschaulicher Hinweise auf die Wirklichkeit — a posteriori ist die gegenseitige Orientierung der Metriken in den verschiedenen Punkten. Der Raum der alten EUKLIDischen Geometrie ist zu vergleichen einem Kristall, der aus lauter gleichen unveränderlichen Atomen in der regelmäßigen und starren, unveränderlichen Anordnung eines Gitters aufgebaut ist; der Raum der neuen RIEMANN-EINSTEINschen Geometrie einer Flüssigkeit, die aus denselben untereinander gleichen unveränderlichen Atomen besteht, aber in einer beweglichen, gegenüber einwirkenden Kräften nachgiebigen Lagerung und Orientierung.

Es ist klar, daß von diesem neuen Standpunkte aus sich das Raumproblem ganz anders formulieren muß; ruht doch seine Lösung durch HELMHOLTZ gerade auf dem Grundprinzip der alten Theorie, der metrischen Homogenität. Müssen wir darum sagen, daß die Arbeit von EUKLID bis HELMHOLTZ vergeblich war? Keineswegs. Sache des Mathematikers ist es nicht, über Wirklichkeiten zu Gericht zu sitzen, sondern aus der Wirklichkeit entsprungene Probleme *zu Ende zu denken* und die dazu benötigten Hilfsmittel bereit zu stellen. Und nur dadurch, daß man eine Theorie mit allem Ernst und aller Konsequenz zu Ende denkt, wächst sie über sich selbst hinaus. Dieser Prozeß vollzog sich an unserem Problem in dem divinatorischen Geiste RIEMANNs. Nachdem in das neue Haus der Wahrheit alles Wertvolle hinübergerettet ist, was das alte beherbergte, können wir vom ihm aus es gleichmütig mit ansehen, wenn die alte Wohnung zerbröckelt. Dieser Prozeß wird niemals stillestehen; seien wir dessen gewiß, daß auch die neue Burg den Geist nicht auf ewig beherbergen wird. Die Wahrheit ist etwas Lebendiges. Das bedeutet nicht Skepsis; an der besonderen Ausgestaltung, die Wahrheit und Recht in diesem Augenblick der menschlichen Kultur angenommen haben, müssen wir mit allem Ernste arbeiten und uns mit allem Ernste an sie binden. Aber gerade dadurch wird das Leben des Geistes diese Gestalt stetig in neue Gestalten verwandeln; die alte mag dann als eine leere Schale in den Museen aufbewahrt werden. Niemals aber wird es gelingen, die Wahrheit endgültig in die Form eines toten Seins, eines wie rationalen und wohlgeordneten auch immer, zu begraben.

So wollen wir denn jetzt unser Teil dazu beitragen, die RIEMANN-EINSTEINsche Theorie über Zeit und Raum zu Ende zu denken! Offenbar kann es sich bei der Lösung des Raumproblems von diesem Standpunkte aus nicht mehr darum handeln, das metrische Feld in seiner *zufälligen*, von der Materie abhängigen *quantitativen Ausgestaltung* rational zu begreifen, sondern allein die *eine* unveränderliche PYTHAGOREische *Natur* dieser Metrik, in der sich das apriorische Wesen des Raumes ausspricht. Das gibt einen ganz neuen Typus von Axiomatik; sie hat nicht mehr den mit einem *bestimmten* metrischen Felde ausgestatteten Raum zum Objekt, durch dessen metrische Struktur z. B. festgelegt ist, was *gerade* ist und was *krumm*. Eine Aussage wie die folgende: Ein Punkt und eine Richtung in ihm bestimmen eine gerade Linie, hat in ihr keinen Platz; denn die gerade Linie ist ja gar nicht bestimmt, sie ist bald diese bald jene, je nach der quantitativen Ausgestaltung des metrischen Feldes. An die Stelle der von HELMHOLTZ geforderten Homogenität des metrischen Feldes ist die Möglichkeit getreten, *im Rahmen der feststehenden Natur der Metrik das metrische Feld beliebigen virtuellen Veränderungen zu unterwerfen.* Dadurch, daß wir diese Möglichkeit statuieren, ist nun freilich über die Natur der Metrik noch nichts ausgesagt. Ziehen wir zur Verdeutlichung einen Vergleich heran! Über das Wesen der Verfassung eines Staates ist damit nichts ausgemacht, daß ich statuiere: Die Staatsverfassung ist für alle Staatsangehörigen bindendes Gesetz; aber innerhalb des von ihr gelassenen Spielraums kommt jedem Bürger volle individuelle Freiheit zu. Es muß erst eine positive Forderung hinzutreten, etwa die folgende: Wie die Bürger diese ihre Freiheit auch ausnutzen mögen, es liegt im Wesen unserer Verfassung, daß das Wohl des Ganzen stets in ausreichendem Maße garantiert ist. Jetzt kann man darüber nachdenken, wie eine Verfassung beschaffen sein muß, damit sie dieser Forderung genügt, und ob es vielleicht nur eine einzige Verfassung gibt, welche sie erfüllt. — Das bindende Staatsgesetz im Reiche des Raumes ist die Natur der Metrik, die Freiheit der Bürger ist die Möglichkeit der verschiedenen gegenseitigen Orientierung der Metriken in den verschiedenen Punkten des Raumes; und was ist das »Wohl des Ganzen«? Wenn man sich den Aufbau der Infinitesimalgeometrie vor Augen hält und auch die Anwendung, die sie in der allgemeinen Relativitätstheorie auf die Wirklichkeit findet, so springt einem als die entscheidende Tatsache, welche die ganze Entwicklung möglich macht, mit unentrinnbarer Eindeutigkeit diese entgegen: daß durch das metrische Feld der affine Zusammenhang bestimmt ist; darauf, scheint es also, beruht im Reiche von Raum und Zeit das »Wohl des Ganzen«. So komme ich zu folgendem Prinzip: *Welche quantitative Ausgestaltung auch immer im Rahmen der Natur der Metrik das metrische*

Feld gefunden haben mag, stets determiniert das metrische Feld eindeutig den affinen Zusammenhang. Wenn wir zeigen können, daß die in der wirklichen Welt herrschende Natur der Metrik (die durch eine nicht-ausgeartete quadratische Differentialform gekennzeichnete PYTHAGOREische) die einzige ist, welche diesem Prinzip Genüge leistet, so haben wir wohl ein Recht zu der Behauptung, daß wir von dem neuen Gesichtspunkt aus, der ein den Kräften der Materie gegenüber nachgiebiges metrisches Feld annimmt, das Raumproblem befriedigend und vollständig gelöst haben. Dieses neue, von dem HELMHOLTZ - LIEschen grundverschiedene Raumproblem wurde von mir in der 4. Auflage des Buches: Raum, Zeit, Materie formuliert; seine Lösung im bejahenden Sinne ist mir erst vor etwa einem Jahre gelungen. Der mathematisch präzisen Fassung sind einige allgemeine Begriffsbestimmungen vorauszuschicken.

I. *Begriff der Metrik.* Die Metrik hängt am Begriffe der *Kongruenz,* der jedoch rein infinitesimal gefaßt werden muß. Sollen wir also die Metrik der Mannigfaltigkeit an der beliebigen Stelle P_0 und den metrischen Zusammenhang dieses Punktes mit den Punkten seiner Umgebung vollständig beschreiben, so müssen wir angeben, *welche unter den linearen Abbildungen des Vektorkörpers in P_0 auf sich selber und welche seiner linearen Abbildungen auf die Vektorkörper in den zu P_0 unendlich benachbarten Punkten P »kongruente« Abbildungen sind.* Betrachten wir zunächst die *Drehungen,* d. s. die kongruenten Abbildungen des Vektorkörpers im Punkte P_0 auf sich selber. Von ihnen setzen wir selbstverständlich voraus, daß sie eine *Gruppe* bilden. Aber noch eine weitere Forderung tritt hinzu, die wir natürlicherweise an jede Drehung stellen müssen. Wir können im Punkte P_0, ohne von einer Maßbestimmung der Mannigfaltigkeit Gebrauch zu machen, die n-dimensionalen Vektor-Parallelepipede ihrer Größe nach miteinander vergleichen. Das Volumen des von den n Vektoren $\mathfrak{a}_i$ mit den Komponenten $a_i^1\, a_i^2 \ldots\ldots a_i^n$ aufgespannten Parallelepipeds wird bekanntlich dargestellt durch die Determinante der a_i^k; diese Volumina sind vom Koordinatensystem unabhängig bis auf eine mit dem Koordinatensystem sich verändernde gemeinsame Maßeinheit. Da nun die Drehung eine Abbildung des Vektorkörpers sein soll, die alle objektiv faßbaren Merkmale desselben ungeändert läßt, muß sie eine *volumtreue* Abbildung sein.

Wird die Gruppeneigenschaft auch auf den metrischen Zusammenhang ausgedehnt, d. i. 1. auf die kongruenten Verpflanzungen des Vektorkörpers in P_0 nach einem *bestimmten* zu P_0 unendlich benachbarten Punkte P und 2. auf seine kongruenten Verpflanzungen nach den *verschiedenen* in der unmittelbaren Nachbarschaft von P_0 gelegenen Punkten, so fließen aus ihr weiter folgende Tatsachen:

1. Alle kongruenten Verpflanzungen von P_0 nach P entstehen aus einer von ihnen, A, durch Hinzufügung einer willkürlichen Drehung in P_0, und die Gruppe $\mathfrak{G}$ der Drehungen in P entspringt aus der Drehungs-

gruppe $\mathfrak{G}_0$ in P_0 durch »Transformation« mittels einer solchen kongruenten Verpflanzung A: $\mathfrak{G} = A^{-1}\mathfrak{G}_0 A$. Denn betrachten wir den zum Zentrum P_0 gehörigen Vektorkörper in zwei zueinander kongruenten Lagen, so werden diese offenbar durch die kongruente Verpflanzung A in zwei kongruente Lagen des Vektorkörpers in P übergehen. Aus dem metrischen Zusammenhang ergibt sich also, daß die Drehungsgruppe in P sich von der in P_0 nur durch die Orientierung unterscheidet. Und wenn wir stetig vom Punkte P_0 zu einem beliebigen Punkt der Mannigfaltigkeit übergehen, so erkennen wir daraus weiter, daß *die Drehungsgruppen in allen Punkten der Mannigfaltigkeit von der gleichen Art sind.* — Das ist die ein- für allemal feste Natur der Metrik.

2. Durch Hintereinanderausführung einer *infinitesimalen* kongruenten Verpflanzung des Vektorkörpers durch die Verschiebung dx_i [d. h. vom Punkte $P_0 = (x_i^0)$ nach der Stelle $P = (x_i^0 + dx_i)$] und einer zweiten solchen Verpflanzung durch die Verschiebung δx_i kommt eine durch die resultierende Verschiebung $dx_i + \delta x_i$ bewirkte infinitesimale kongruente Verpflanzung zustande. — Eine kongruente Verpflanzung ist infinitesimal, wenn die Änderungen $d\xi^i$ der Komponenten ξ^i eines beliebigen Vektors von der gleichen Größenordnung unendlichklein sind wie die Komponenten dx_i der vorgenommenen Verschiebung des Zentrums. Ist also

$$d\xi^i = -\,\varepsilon \cdot A^i_{k1}\,\xi^k$$

eine beliebige infinitesimale kongruente Verpflanzung in Richtung der ersten Koordinatenachse, nach dem Punkte $(x_1^0 + \varepsilon,\ x_2^0,\ \ldots,\ x_n^0)$, und haben die Größen $A^i_{k2}, \ldots, A^i_{kn}$ eine analoge Bedeutung für die 2te bis n^{te} Koordinatenachse (ε ist eine infinitesimale Konstante), so liefert die Formel

$$(29) \qquad d\xi^i = -\,A^i_{kr}\,\xi^k\,(dx)^r$$

ein »*System infinitesimaler kongruenter Verpflanzungen*« nach den sämtlichen Punkten $P = (x_i^0 + dx_i)$ der Umgebung von P_0.

II. Der Begriff der *infinitesimalen Parallelverschiebung* ist schon früher auseinandergesetzt worden. Es entspricht jedem Koordinatensystem, das die Umgebung von P_0 bedeckt, ein *möglicher* Begriff der Parallelverschiebung des Vektorkörpers in P_0 nach den Punkten der unendlichkleinen Umgebung von P_0: Transport der Vektoren ohne Änderung der Komponenten. In einem bestimmten ein- für allemal fest gewählten Koordinatensystem drückt sich ein solches System möglicher Parallelverschiebungen des Vektorkörpers in $P_0 = (x_i^0)$ nach den sämtlichen Punkten $P = (x_i^0 + dx_i)$ der Umgebung von P_0 durch eine Formel aus

$$(30) \qquad d\xi^i = -\,\Gamma^i_{kr}\,\xi^k\,(dx)^r$$

mit Koeffizienten, welche der Symmetriebedingung

$$(31) \qquad \Gamma^i_{sr} = \Gamma^i_{rs}$$

genügen.

Das Bisherige erscheint mir als eine bloße Begriffsanalyse, Explikation dessen, was in den Begriffen Metrik, metrischer Zusammenhang und Parallelverschiebung als solchen liegt. Ich komme jetzt zum *synthetischen Teil* im KANTischen Sinne. Da gilt es, das früher angedeutete Postulat präzis zu formulieren, das die für die wirkliche Welt charakteristische Art der Drehungsgruppe festlegen soll. Zunächst die in ihm garantierte Freiheit! Die freie Deformierbarkeit des metrischen Feldes ist in solchem Maße vorhanden, daß bei gegebener Drehungsgruppe in P_0 der metrische Zusammenhang dieses Punktes mit den Punkten seiner Umgebung sich immer noch so gestalten kann, daß die Gleichung

$$d\xi^i = - A^i_{kr} \xi^k (dx)^r$$

mit beliebig vorgegebenen Koeffizienten A^i_{kr} ein System infinitesimaler kongruenter Verpflanzungen des Vektorkörpers in P_0 darstellt. Zweitens der positive Teil des Postulats: Wie dieser metrische Zusammenhang von P_0 mit den Punkten seiner Umgebung sich auch gestaltet haben möge, immer gibt es unter den möglichen Systemen von Parallelverschiebungen des Vektorkörpers in P_0 ein einziges, welches zugleich ein System infinitesimaler kongruenter Verpflanzungen ist; der metrische Zusammenhang bestimmt eindeutig den affinen.

Das nunmehr klar ausgesprochene Postulat haben wir in die Formelsprache der Mathematik zu übersetzen. *Bei gegebenem metrischen Zusammenhang* erhält man aus *einer* kongruenten Verpflanzung des Vektorkörpers von P_0 nach P die allgemeinste, wenn man eine willkürliche Drehung um P_0 hinzufügt. Darum erhält man aus *einem* System infinitesimaler kongruenter Verpflanzungen (29) von P_0 nach allen Punkten seiner unmittelbaren Umgebung ein beliebiges andere derartige System, wenn man zu jeder Verpflanzung eine willkürliche, von der Verschiebung $P_0 P = (dx_i)$ abhängige Drehung um P_0 hinzufügt; nur muß die hinzugefügte Drehung natürlich linear von der Verschiebung abhängen. Sie muß also dargestellt werden durch eine Formel

in der für jedes r

$$d\xi^i = - A^i_{kr} \xi^k (dx)^r,$$
$$(32) \qquad u^i = A^i_{kr} \xi^k$$

das Geschwindigkeitsfeld einer Drehung des Vektorkörpers in P_0 ist. Die Forderung besagt, daß unter allen diesen Systemen infinitesimaler kongruenter Verpflanzungen ein einziges sich findet, welches zugleich ein mögliches System von Parallelverschiebungen ist. D. h. die n infinitesimalen Drehungen (32) lassen sich auf eine und nur eine Weise so wählen, daß die Größen

$$\Gamma^i_{rs} = A^i_{rs} + A^i_{rs}$$

den Symmetriebedingungen $\Gamma^i_{sr} = \Gamma^i_{rs}$ genügen. Und zwar soll eine solche Bestimmung der A möglich sein, welche Werte auch die A haben mögen. Dasselbe will ich noch einmal ausdrücken, indem ich mich der folgenden Bezeichnungsweise bediene: unter A^i_{rs} verstehe ich *jedes beliebige* System von n^3 Zahlen, unter Γ^i_{rs} ein beliebiges solches, das der *Symmetriebedingung* $\Gamma^i_{sr} = \Gamma^i_{rs}$ genügt, unter A^i_{rs} endlich ein System von irgend n Matrizen A^i_{r1}, A^i_{r2}, ..., A^i_{rn}, welche in der aus (32) ersichtlichen Weise *infinitesimale Drehungen* in P_0 darstellen. Hat der Vektorkörper zufolge der Drehungsgruppe N Freiheitsgrade, so bilden die Zahlensysteme (A^i_{rs}) offenbar eine lineare Mannigfaltigkeit von nN Dimensionen, während die Systeme (A^i_{rs}) und (Γ^i_{rs}) je eine lineare Mannigfaltigkeit von n^3, bzw. $n \cdot \dfrac{n(n+1)}{2}$ Dimensionen bilden. Wir verlangten: *Jedes System A läßt sich auf eine und nur eine Weise als Differenz eines Systems Γ und eines Systems A darstellen:*

$$A^i_{rs} = \Gamma^i_{rs} - A^i_{rs}.$$

Nach der Theorie der linearen Mannigfaltigkeiten läßt sich diese Aussage durch die folgenden beiden ersetzen:

a) Die Dimensionszahl der A-Mannigfaltigkeit ist gleich der Summe der Dimensionszahlen der Γ- und der A-Mannigfaltigkeit; oder

$$n^3 = n \cdot \frac{n(n+1)}{2} + nN, \qquad N = \frac{n(n-1)}{2}.$$

b) Die Differenz eines Systems Γ und eines Systems A kann nur dann verschwinden, wenn beide einzeln verschwinden. Oder: ein System A^i_{rs} kann nur dann gleich einem System Γ^i_{rs} sein, d. h. der Symmetriebedingung $A^i_{sr} = A^i_{rs}$ genügen, wenn es aus lauter Nullen besteht. Oder: n Matrizen $A_{(1)}$, $A_{(2)}$, ..., $A_{(n)}$, welche infinitesimale Drehungen darstellen, können der Bedingung, daß die k^{te} Spalte von $A_{(i)}$ gleich der i^{ten} Spalte von $A_{(k)}$ ist, (für alle i, $k = 1$, 2, ..., n) nicht genügen, ohne alle zu verschwinden. Damit haben wir unsere Postulate in zwei Bedingungen von klarem mathematischen Wortlaut verwandelt, *welche nur noch von der infinitesimalen Drehungsgruppe handeln.*

Das Geschwindigkeitsfeld u^i einer inf. Drehung oder allgemeiner einer inf. linearen Deformation des Vektorkörpers

$$u^i = a^i_k \xi^k$$

ist gekennzeichnet durch die Matrix $A = (a^i_k)$. Eine N-parametrige inf. Gruppe $\mathfrak{g}$ solcher Operationen erscheint als eine N-dimensionale lineare Schar von Matrizen

$$\lambda' A' + \lambda'' A'' + \cdots + \lambda^{(N)} A^{(N)}$$

(die A sind die Basis-Matrizen, die λ die Schar-Parameter, welche alle Werte durchlaufen können), und zwar als eine lineare Schar von besonderer Art: mit zwei Matrizen A, B muß nämlich immer auch

$$[AB] = AB - BA$$

in der Schar auftreten. Um unsere Forderung b) in einer vom Koordinatensystem unabhängigen Weise zu formulieren, führen wir noch den folgenden Begriff ein: ein Gesetz

$$u^i = a^i_{rs}\, \xi^r\, \eta^s \qquad (a^i_{sr} = a^i_{rs}),$$

das je zwei Punkten ξ, η des Vektorkörpers in bilinearer symmetrischer Weise einen Vektor u zuordnet, heiße eine *symmetrische Doppelmatrix* der inf. Gruppe $\mathfrak{g}$, wenn für jeden festen Punkt η diese Formel das Geschwindigkeitsfeld $u(\xi)$ einer in $\mathfrak{g}$ enthaltenen Operation darstellt. Damit sprechen sich die ermittelten Eigenschaften der inf. Drehungsgruppe $\mathfrak{g}$ so aus:

b) *es gehört zu* $\mathfrak{g}$ *keine andere symmetrische Doppelmatrix als* o;

a) *die Dimensionszahl* N *ist die höchste, welche mit der Eigenschaft b) verträglich ist, nämlich*

$$N = \frac{n(n-1)}{2}.$$

Die Tatsache aber, daß jede Drehung volumtreu sein muß, drückt sich darin aus, daß die *Spur* $\displaystyle\sum_i a^i_i$ der eine inf. Drehung darstellenden Matrix a^i_k verschwinden muß. Wir fügen also noch hinzu:

c) *die Spur einer jeden Matrix von* $\mathfrak{g}$ *ist* o;

und stellen die Behauptung auf: *Eine inf. Gruppe linearer Abbildungen des Vektorkörpers, welche den drei Bedingungen a), b), c) genügt, besteht notwendig aus den sämtlichen inf. linearen Transformationen, welche eine gewisse nicht-ausgeartete quadratische Form in sich überführen.*

Ich widme die letzte Vorlesungsstunde einer Skizzierung der Gedanken, auf denen der Beweis dieses Satzes beruht.

Achte Vorlesung.

Wenn uns der Beweis des am Schluß der vorigen Stunde ausgesprochenen gruppentheoretischen Satzes, dessen Inhalt ich sogleich noch einmal wiederholen werde, gelingt, so haben wir das neue Raumproblem gelöst. Denn damit werden wir erkannt haben: determiniert das im Rahmen der Natur der Metrik frei veränderliche metrische Feld den affinen Zusammenhang eindeutig, so gehört zu dem in einer quantitativ bestimmten Ausgestaltung vorliegenden metrischen Felde an jeder Stelle eine nicht-ausgeartete quadratische Differentialform $g_{ik}(dx)^i (dx)^k$, deren Koeffizienten g_{ik} noch einen willkürlichen gemeinsamen Proportionalitätsfaktor enthalten. Über ihn an jeder Stelle verfügen, heißt die Mannigfaltigkeit eichen. Es bleibt noch festzustellen, daß, nachdem dies geschehen, der metrische Zusammenhang in der früher ausführlich beschriebenen Weise durch eine lineare Differentialform gekennzeichnet werden kann. In der Tat: da bei inf. Parallelverschiebung

$$[d\xi^i = -\, d\gamma^i_k \cdot \xi^k, \qquad d\gamma^i_k = \Gamma^i_{kr}(dx)^r]$$

kongruente Vektoren kongruent bleiben, muß identisch in den ξ^i eine Formel von der Gestalt gelten

$$d(g_{ik}\,\xi^i\,\xi^k) = -\,(g_{ik}\,\xi^i\,\xi^k)\cdot d\varphi,$$

wo das Zeichen d auf der linken Seite den Zuwachs bei Ausführung der Parallelverschiebung bedeutet und $d\varphi$ vom Vektor ξ unabhängig ist; oder

$$-\,dg_{ik} + (g_{ir}\,d\gamma_k^r + g_{kr}\,d\gamma_i^r) = g_{ik}\,d\varphi\,.$$

Aus dieser Gleichung geht hervor, daß $d\varphi$ von der Verschiebung (dx_i) linear abhängt: $d\varphi = \varphi_i(dx)^i$. — Der Trägheitsindex der quadratischen Fundamentalform ist durch die Natur der Metrik festgelegt. *Im Rahmen der Bedingung, daß jene Form niemals ausarten darf und den vorgeschriebenen Trägheitsindex besitzen muß, sind aber die Koeffizienten g_{ik} und φ_i frei veränderlich und bestimmen den quantitativen Verlauf des metrischen Feldes vollständig.* Wir landen also in der Tat bei jener »PYTHAGOREIschen« Infinitesimalgeometrie, deren Grundlagen ich in der dritten Vorlesung dargestellt habe. Im Gegensatz zu der HELMHOLTZschen ist unsere Charakterisierung brauchbar für *alle* Werte des Trägheitsindex.

Nun zu der gruppentheoretischen Aufgabe, die uns durch das Raumproblem gestellt wurde! Es wird von uns gefordert: *Alle linearen Scharen* $\mathfrak{g}$ *von Matrizen*

$$\lambda' A' + \lambda'' A'' + \cdots + \lambda^{(N)} A^{(N)}$$

$(A', A'', \ldots$ sind die festen Basis-Matrizen, $\lambda', \lambda'', \ldots$ die Schar-Parameter) *zu bestimmen mit den folgenden Eigenschaften*:

1) *mit je zwei Matrizen A, B gehört auch $[AB] = AB - BA$ der Schar an;*

2) *die Spur jeder Matrix ist $= 0$;*

3) *die Dimensionszahl N der Schar ist $= \dfrac{n(n-1)}{2}$;*

4) *es lassen sich keine n Matrizen A_1, A_2, $\ldots$, A_n (»symmetrische Doppelmatrix«) in der Schar ausfindig machen, für welche allgemein die k^{te} Spalte von A_i gleich der i^{ten} Spalte von A_k ist $(i,\,k = 1,\,2,\,\ldots,\,n)$, außer $A_1 = A_2 = \ldots = A_n = 0$.*

Die Schar $\mathfrak{g}_Q$ derjenigen linearen inf. Transformationen, welche eine nicht-ausgeartete quadratische Form Q invariant lassen, besitzt, wie man sofort nachrechnet, diese Eigenschaften (Anhang II); wir behaupten, daß es andere derartige inf. Gruppen nicht gibt. Es existieren demnach genau so viel wesentlich verschiedene Scharen $\mathfrak{g}$ der gewünschten Art, die sich nicht bloß durch die Wahl des Koordinatensystems voneinander unterscheiden, als es wesentlich verschiedene nicht-ausgeartete quadratische Formen gibt. Als nicht wesentlich verschieden haben dabei zwei solche Formen zu gelten, welche sich vermöge linearer Transformation der Variablen und vermöge Multiplikation der Form mit einer von 0 verschiedenen Konstanten ineinander verwandeln lassen.

Läßt man nur lineare Transformation der Variablen zu, so existieren aber genau $n+1$ Klassen quadratischer Formen, entsprechend den möglichen Werten des Trägheitsindex $i = 0, 1, \ldots, n$; ist es auch erlaubt, die Form mit einer negativen Konstanten zu multiplizieren, so fallen die Klassen vom Trägheitsindex i und $n-i$ zusammen. Die Anzahl, von der wir sprechen, ist demnach $= \dfrac{n}{2} + 1$, wenn n gerade, $= \dfrac{n+1}{2}$, wenn n ungerade. — Sätze, deren Inhalt derartige Fallunterscheidungen einschließt, wie sie hier als Unterschiede des Trägheitsindex auftreten, pflegen schwer beweisbar zu sein. Im gegenwärtigen Fall haben wir aber ein einfaches Mittel, uns über jene Unterschiede hinwegzusetzen. Wir bemerken nämlich, daß unser Problem *rein algebraischen* Charakter trägt, und deshalb ist es angemessen, es aus dem Gebiet der *reellen* ins umfassendere Gebiet der *komplexen* Zahlen zu verpflanzen. Hier fallen die Unterschiede des Trägheitsindex dahin; eine nicht-ausgeartete quadratische Form mit beliebigen komplexen Koeffizienten läßt sich immer durch eine (natürlich im allgemeinen auch komplexe) lineare Transformation auf die Normalform $(\xi^1)^2 + (\xi^2)^2 + \cdots + (\xi^n)^2$ bringen. Wir nehmen also jetzt an, daß unsere Schar $\mathfrak{g}$ aus komplexen Matrizen besteht, und behaupten: die oben aufgezählten Eigenschaften haben zur Folge, daß $\mathfrak{g}$ durch lineare Transformation aus einer a priori bekannten Schar $\mathfrak{g}_0$ hervorgeht, nämlich der Schar aller schiefsymmetrischen Matrizen (d. i. der inf. Euklidischen Drehungsgruppe).

Für die *niederste Dimensionszahl* $n = 2$ läßt sich unser Theorem durch direkte Rechnung sofort bestätigen. In diesem Fall haben wir eine einparametrige Schar $\mathfrak{g}$ $(N = 1)$; sie besteht aus den Multipla einer von Null verschiedenen Matrix

$$A = \left\| \begin{array}{cc} a_{11} & a_{12} \\ a_{21} & a_{22} \end{array} \right\| .$$

Setzen wir

$$g_{11} = -a_{21}, \quad g_{12} = -a_{22}; \quad g_{21} = a_{11}, \quad g_{22} = a_{12},$$

so ist nach Voraussetzung 2):

$$g_{12} = g_{21} .$$

Die Rechnung lehrt, daß die quadratische Form

$$(33) \qquad \sum_{ik} g_{ik} \xi^i \xi^k$$

invariant ist gegenüber der durch A dargestellten infinitesimalen Operation; es ist nämlich identisch in ξ^1, ξ^2:

$$\sum_{ik} g_{ik} \xi^k d\xi^i = 0 ,$$

wenn

$$d\xi^i = a_{i1} \xi^1 + a_{i2} \xi^2$$

eingesetzt wird. Endlich bedeutet die Voraussetzung 4), daß in irgend zwei Multipla von A:

$$\gamma_2 A \quad \text{und} \quad -\gamma_1 A$$

die 2. Spalte von $\gamma_2 A$ mit der 1. Spalte von $-\gamma_1 A$ nur dann übereinstimmen kann, wenn γ_1 und γ_2 beide verschwinden; oder daß die Gleichungen

$$a_{11}\gamma_1 + a_{12}\gamma_2 = 0,$$

$$a_{21}\gamma_1 + a_{22}\gamma_2 = 0$$

keine andere Lösung haben als $\gamma_1 = 0$, $\gamma_2 = 0$; oder daß die Determinante der Matrix A nicht verschwindet; oder daß die quadratische Form (33) nicht ausgeartet ist.

Für die *beliebige Dimensionszahl* n ist der Beweis einigermaßen verwickelt und läßt sich nicht wie beim HELMHOLTZ-LIEschen Raumproblem von ein paar einfachen Grundgedanken aus übersehen. Dennoch hoffe ich, in der kurzen noch zur Verfügung stehenden Zeit Ihnen einen gewissen Einblick in die Methode geben zu können, ohne den Beweis selber explizite durchzuführen. Die in ihren Konsequenzen zunächst undurchsichtige Voraussetzung 4) ist es, um deren Nutzbarmachung wir uns offenbar vor allem zu kümmern haben; es muß versucht werden, aus ihr einfachere, leichter zu handhabende Eigenschaften der gegebenen infinitesimalen Gruppe g herauszuwickeln. Hier ist eine erste derartige Folgerung:

I. *Eine Gruppenmatrix, in der alle Spalten, bis auf eine, mit Nullen besetzt sind, ist überhaupt* $= 0$.

Sei nämlich A eine solche Matrix, in welcher alle Spalten bis auf die erste verschwinden; dann ist die folgende Reihe von n Matrizen

$$A, \; 0, \; 0, \; \ldots, \; 0$$

offenbar eine symmetrische Doppelmatrix, und darum nach Forderung 4): $A = 0$. — Um die Aussage von der Beziehung auf ein spezielles Koordinatensystem zu befreien, überlegen wir, daß das Verschwinden aller Spalten einer Matrix $A = (a_k^i)$ außer der ersten dies bedeutet: für jeden Vektor $\mathfrak{x} = (\xi^1, \, \xi^2, \, \ldots, \, \xi^n)$, welcher der Gleichung $\xi^1 = 0$ genügt, ist der durch A aus ihm erzeugte Vektor

$$\mathfrak{u} = d\mathfrak{x} = A\mathfrak{x} \quad \left(u^i = d\xi^i = \sum_k a_k^i \xi^k\right)$$

gleich Null. $\xi^1 = 0$ ist die Gleichung einer $(n-1)$-dimensionalen Vektorebene. Wir können also sagen:

I. *In der inf. Gruppe existiert keine Operation (außer der Identität), welche alle Punkte einer durch das Zentrum gehenden $(n-1)$-dimensionalen Ebene festläßt.*

Daraus ergibt sich nun auch sofort, daß

(I*) *keine Gruppenmatrix außer* 0 *existiert, in welcher alle Zeilen bis auf eine einzige verschwinden.*

Ist nämlich a_1, a_2, ..., a_n die eine vorhandene Zeile der Gruppenmatrix A, so würde die durch A dargestellte inf. Operation die Ebene

$$a_1 \xi^1 + a_2 \xi^2 + \cdots + a_n \xi^n = 0$$

Punkt für Punkt ungeändert lassen. — Direkt kann man das Prinzip I* so einsehen: die Reihe

$$a_1 A, \; a_2 A, \; \ldots, \; a_n A$$

ist eine symmetrische Doppelmatrix, und daher $a_i A = 0$, d. h.

$$a_i a_k = 0, \quad \text{folglich} \quad a_i^2 = 0, \quad a_i = 0.$$

Fast ebenso einfach erkennt man eine andere Eigenschaft unserer inf. Gruppe. Ich fasse im allgemeinen Matrixschema irgend zwei Felder ins. Auge, welche in derselben Zeile liegen, z. B. das 1. und 2. Feld der h^{ten} Zeile; und behaupte: *es ist ausgeschlossen, daß diese beiden Felder identisch leer, d. i. in allen Gruppenmatrizen mit einer Null besetzt sind.* Beweis indirekt: Eine Serie von n Gruppenmatrizen

$$A_1, \; A_2, \; \ldots, \; A_n$$

ist eine symmetrische Doppelmatrix, wenn allgemein die k^{te} Spalte von A_i gleich der i^{ten} Spalte von A_k ist. Da nun aber in jeder Gruppenmatrix das h^{te} Feld der 1. und 2. Spalte mit einer Null besetzt ist, so fällt von den n linearen Bedingungen, welche fordern, daß die 2. Spalte der Gruppenmatrix A_1 mit der 1. Spalte der Gruppenmatrix A_2 übereinstimmt, Numero h fort als identisch erfüllt. Die Parameter der n Matrizen A_i haben also nicht mehr

$$N = n \cdot \frac{n(n-1)}{2}$$

homogenen linearen Bedingungen zu genügen, sondern nur noch $N - 1$. Die Anzahl der zur Verfügung stehenden Parameter ist aber nach wie vor $n \cdot N = N$. Da $N - 1$ lineare homogene Gleichungen für N Unbekannte stets eine von 0 verschiedene Lösung besitzen, würden wir also, wenn in allen Gruppenmatrizen $V = (v_k^i)$ die beiden Elemente v_1^h, $v_2^h = 0$ wären, eine nicht-verschwindende symmetrische Doppelmatrix konstruieren können — entgegen der Voraussetzung 4).

Auch hier ist die Aussage unabhängig vom Koordinatensystem zu formulieren. Es sei $\overrightarrow{OP} = \mathfrak{p}$ ein von 0 verschiedener Vektor; eine $(n-1)$-dimensionale Ebene E durch O nenne ich *konjugiert* zu $\mathfrak{p}$ (oder konjugiert zu der Richtung $\overrightarrow{OP}$), wenn für alle zu $\mathfrak{g}$ gehörigen inf. Operationen V die Geschwindigkeit $\mathfrak{u}$ $(= V\mathfrak{p})$ des Punktes P der Ebene E angehört; wenn also der Punkt P bei allen diesen Operationen sich in der durch P hindurchgehenden Parallelebene zu E bewegt. Ist $\mathfrak{g}$ die inf. Euklidische Drehungsgruppe $\mathfrak{g}_0$, so gibt es zu jeder Richtung $\mathfrak{p}$ eine konjugierte Ebene, nämlich die Ebene senkrecht zu $\mathfrak{p}$. Doch fallen die zu zwei unabhängigen Richtungen (zu zwei linear unabhängigen Vektoren) gehörigen konjugierten Ebenen niemals zusammen. Diese letzte Eigenschaft nun ist es, welche wir eben aus der Voraussetzung 4) für die Gruppe $\mathfrak{g}$ hergeleitet haben:

II. *Zwei voneinander unabhängige Richtungen haben niemals eine gemeinsame konjugierte Ebene.*

In der Tat bedeutet das Verschwinden von v_1^h und v_2^h in allen Gruppenmatrizen $V = (v_k^i)$ nichts anderes, als daß die Ebene $\xi^h = 0$ zu den beiden voneinander unabhängigen Vektoren

$$\mathfrak{e}_1 = (1,\ 0,\ 0,\ \ldots,\ 0) \quad \text{und} \quad \mathfrak{e}_2 = (0,\ 1,\ 0,\ \ldots,\ 0)$$

konjugiert ist. Genau so beweist man, daß die willkürliche Ebene

$$a_1\,\xi^1 + a_2\,\xi^2 + \cdots + a_n\,\xi^n = 0$$

nicht zugleich zu $\mathfrak{e}_1$ und $\mathfrak{e}_2$ konjugiert sein kann; d. h. daß die beiden ersten Spalten aller Gruppenmatrizen V nicht derselben homogenen linearen Gleichung

$$\sum_i a_i v_1^i = 0, \qquad \sum_i a_i v_2^i = 0$$

genügen können, ohne daß die festen Koeffizienten a_i alle verschwinden. —

Wie gesagt, ist es mir unmöglich, den Beweis des Haupttheorems vollständig vorzutragen; immerhin werde ich soviel zeigen können: Wenn die inf. Gruppe $\mathfrak{g}$, die nach Voraussetzung die vorhin aufgezählten Eigenschaften 1) bis 4) besitzt, *eine* der Basismatrizen $S^{(12)}$ von $\mathfrak{g}_0$ enthält, so stimmt sie (bei geeigneter Wahl des Koordinatensystems) mit $\mathfrak{g}_0$ überein. Dadurch wird das Problem darauf reduziert, die Existenz der *einen* Operation $S^{(12)}$ in $\mathfrak{g}$ nachzuweisen; das ist gewiß eine Vereinfachung. — Es ist mir bequemer, die Matrix $\dfrac{1}{i}\,S^{(12)}\,(i = \sqrt{-1})$ durch die Substitution

$$(34) \qquad \xi_*^1 = \frac{\xi^1 + i\xi^2}{\sqrt{2}}, \quad \xi_*^2 = \frac{-\xi^1 + i\xi^2}{\sqrt{2}}$$

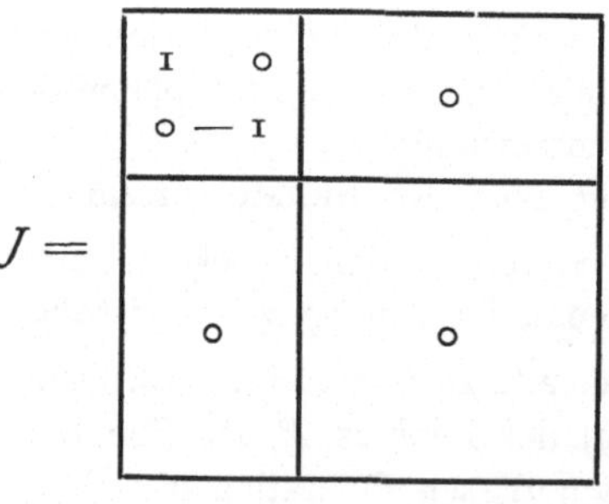

auf die nebenstehende Form J zu bringen.

J ist eine *Hauptmatrix;* das will sagen, daß alle Felder außerhalb der Hauptdiagonale mit Nullen besetzt sind. Sei allgemeiner A eine in $\mathfrak{g}$ vorkommende Hauptmatrix; die in ihrer Hauptdiagonale stehenden Elemente mögen mit

$$\alpha_1,\ \alpha_2,\ \ldots,\ \alpha_n$$

bezeichnet sein. Aus einer willkürlichen Matrix $V = (v_k^i)$ entsteht durch Zusammensetzung mit A die Matrix $V' = [A\,V]$ mit den Elementen $(\alpha_i - \alpha_k)v_k^i$. Für das Feld (ik) des Matrizenschemas, in welchem sich i^{te} Zeile und k^{te} Kolonne kreuzen, fungiert bei der Zusammensetzung mit A also die Zahl $\alpha_i - \alpha_k$ als Multiplikator. Um die Gruppeneigenschaft 1) auszunutzen, ist zu untersuchen, was wir aus einer Matrix V gewinnen können, wenn wir sie wiederholt mit A zusammensetzen:

$$V, \quad V' = [AV], \quad V'' = [AV'], \quad \ldots$$

und beliebige lineare Kombinationen von V, V', V'', $\ldots$ bilden. Das überblicken wir, wenn wir die Felder des Matrizenschemas in »Länder« zusammenfassen nach dem Grundsatz, daß zwei Felder dann und nur dann dem gleichen Lande zufallen, wenn ihre beiden Multiplikatoren numerisch einander gleich sind. Bei der Zusammensetzung mit A multiplizieren sich alle v_k^i, welche in den Feldern *eines* Landes stehen, mit dem gleichen Multiplikator λ, sie erleiden alle das gleiche Geschick; sie sind daher unlösbar miteinander verbunden. Im Gegensatz dazu sind aber die verschiedenen Länder ganz unabhängig voneinander. Das will sagen: Ich kann durch lineare Kombination von V mit seinen »Derivierten« V', V'', $\ldots$ eine solche Matrix bilden, welche in den Elementen *eines* Landes mit V übereinstimmt, während sie in den Feldern aller übrigen Länder nur Nullen aufweist. Gehört V zu $\mathfrak{g}$, so auch die Ableitungen von V und ihre linearen Kombinationen. Die aufgestellte Behauptung lehrt also, daß mit V auch die einzelnen durch die Ländereinteilung aus V hervorgehenden Bruchstücke (deren Summe $= V$ ist) für sich in der Gruppe $\mathfrak{g}$ existieren. Wir sagen kurz:

III. *In der allgemeinen Gruppenmatrix sind die einzelnen (durch eine zur Gruppe gehörige Hauptmatrix A erzeugten) Länder voneinander unabhängig.*

In der Tat entsteht die lineare Kombination

$$W = c_0 V + c_1 V' + c_2 V'' + \cdots + c_m V^{(m)}$$

dadurch aus V, daß die Elemente der Matrix V, welche im Lande mit dem Multiplikator λ liegen, den Faktor

$$c_0 + c_1 \lambda + c_2 \lambda^2 + \cdots + c_m \lambda^m$$

bekommen. Wir haben die Koeffizienten c also nur so zu bestimmen, daß das Polynom

$$\varphi(x) = c_0 + c_1 x + c_2 x^2 + \cdots + c_m x^m$$

für alle Multiplikatoren verschwindet außer für einen, λ, für den Argumentwert $x = \lambda$ aber den Wert 1 annimmt. Dies kann man bekanntlich auf eine und nur auf eine Weise erreichen, wenn man den Grad m um 1 kleiner wählt als die Anzahl der untereinander numerisch verschiedenen Multiplikatoren $\alpha_i - \alpha_k$, welche mit

$$\lambda, \quad \lambda', \quad \lambda'', \quad \ldots, \quad \lambda^{(m)}$$

bezeichnet sein mögen. Das Polynom, welches für die m Argumente $x = \lambda'$, λ'', $\ldots$, $\lambda^{(m)}$ verschwindet, an der Stelle $x = \lambda$ aber den Wert 1 annimmt, ist dann gegeben durch die Formel

$$\varphi(x) = \frac{(x - \lambda')(x - \lambda'') \cdots (x - \lambda^{(m)})}{(\lambda - \lambda')(\lambda - \lambda'') \cdots (\lambda - \lambda^{(m)})}.$$

Das Prinzip III soll auf die nach unserer zusätzlichen Hypothese in g
vorkommende Hauptmatrix J Anwendung finden. Die mit J verknüpfte
Ländereinteilung des Matrixschemas samt den zugehörigen Multiplikatoren

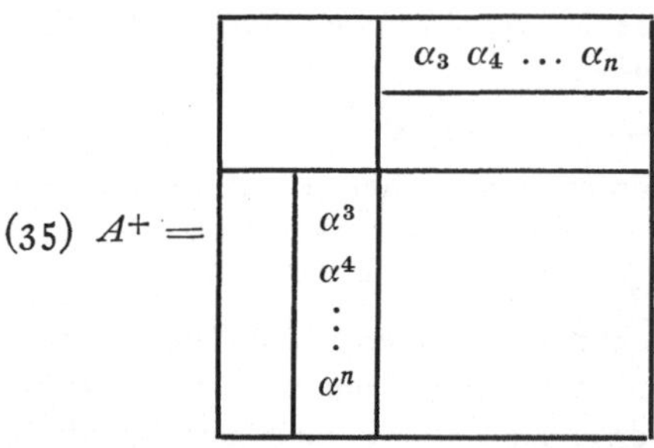

ist der nebenstehenden Abbildung zu entnehmen. Von den 5 vorhandenen Ländern:
$o, + 1, - 1, + 2, - 2$ bestehen die letzten
beiden nur aus je einem Feld. Diese Klein-
heit hat ihre Unbewohnbarkeit zur Folge. Eine
zum Lande $+ 2$ gehörige Matrix, d. h. eine
in der Gruppe vorkommende Matrix, in der
alle Felder mit Nullen besetzt sind außer den
Feldern des Landes $+ 2$, muß nämlich nach
dem Prinzip I überhaupt $= o$ sein. Das Ana-
loge gilt für das Land $- 2$. Infolgedessen stehen in der (von N Parametern abhängigen) allgemeinen Gruppenmatrix $V = (v_k^i)$ die beiden
Felder (12) und (21) leer: $v_2^1 = o$ und $v_1^2 = o$.

Wegen des Verschwindens von v_2^1 kann nach dem Prinzip II zwischen
den übrigen Elementen der ersten Zeile von V, insbesondere zwischen
$v_3^1, v_4^1, \ldots, v_n^1$ keine homogene lineare Relation mit konstanten Koeffizienten bestehen; denn wäre eine solche vorhanden, etwa

$$\gamma^3 v_3^1 + \gamma^4 v_4^1 + \cdots + \gamma^n v_n^1 = o,$$

so wäre die Ebene $\xi^1 = o$ gemeinsame konjugierte Ebene zu den beiden
Vektoren
$$(o, 1, o, o, \ldots, o) \quad \text{und} \quad (o, o, \gamma^3, \gamma^4, \ldots, \gamma^n).$$

Der zum Lande $+ 1$ gehörige Bruchteil der allgemeinen Gruppenmatrix

liefert uns daher Gruppenmatrizen
von der Form (35), in welcher die
Größen $\alpha_3 \alpha_4 \ldots \alpha_n$ aller Werte
fähig sind. (Die nicht ausgefüllten
Felder sind mit Nullen zu be-
setzen.) Mit der Zeile der α_i verschwindet aber nach dem Prinzip I
auch die Spalte der α^i. Wir können
also $\alpha_3 \alpha_4 \ldots \alpha_n$ als die unabhängigen Parameter der linearen Schar
aller zum Lande $+ 1$ gehörigen Matrizen benutzen und haben dann die
Gleichungen

$$(36) \qquad \alpha^i = \sum_{k=3}^{n} g^{ik} \alpha_k \qquad (i = 3, 4, \ldots, n)$$

mit konstanten Koeffizienten g^{ik}. Da nach I* die α^i nicht o werden
können, ohne daß auch alle α_i verschwinden, ist die Determinante der
g^{ik} von o verschieden. Bilden wir aus zwei zum Lande $+ 1$ gehörigen
Matrizen A^+ und $\overline{A}^+$ das Produkt $A^+ \overline{A}^+$, so bekommen wir eine Matrix,

in der sämtliche Felder mit Ausnahme des einen Feldes (12) mit Nullen besetzt sind; im Felde (12) aber steht die Größe

$$\sum_{i=3}^{n} \alpha_i \overline{\alpha}^i = \sum_{ik} g^{ik} \alpha_i \overline{\alpha}_k = Q(\alpha \overline{\alpha}).$$

Die Bilinearform Q mit den Koeffizienten g^{ik} ist demnach eine Invariante gegenüber linearen Transformationen der Koordinaten $\xi^3 \xi^4 \ldots \xi^n$. In der Gruppe $\mathfrak{g}$ tritt die zum Lande $+2$ gehörige Matrix

$$[A^+ \overline{A}^+] = A^+ \overline{A}^+ - \overline{A}^+ A^+$$

auf; sie muß folglich verschwinden, d. h. es ist

$$Q(\alpha \overline{\alpha}) - Q(\overline{\alpha} \alpha) = 0,$$

oder *die Bilinearform Q ist symmetrisch*. Durch geeignete lineare Transformation der Koordinaten ξ^3 bis ξ^n können wir die zugehörige *nicht ausgeartete* quadratische Form $Q(\alpha \alpha)$ auf die Normalform bringen

$$Q(\alpha \alpha) = \alpha_3^2 + \alpha_4^2 + \cdots + \alpha_n^2.$$

Dann nehmen die Relationen (36) die einfache Gestalt an:

$$(37) \qquad\qquad \alpha^i = \alpha_i.$$

Damit ist der Anteil des Landes $+1$ an der allgemeinen Gruppenmatrix vollständig bestimmt, und wir haben gewonnen Spiel.

Eine zum Lande 0 gehörige Matrix hat die Form (38). Setzen wir sie mit A^+, Gl. (35), zusammen, so lehrt die Rechnung, daß wir eine zum Lande $+1$ gehörige Matrix $\overline{A}^+$ bekommen mit den folgenden Elementen:

$$(38) \quad V = \begin{bmatrix} v_{11} & 0 & & \\ 0 & v_{22} & & \\ & & v_{33} & \cdots & v_{3n} \\ & & \vdots & & \vdots \\ & & v_{n3} & \cdots & v_{nn} \end{bmatrix}$$

$$\overline{\alpha}_i = \sum_{k=3}^{n} v_{ki} \alpha_k - v_{11} \alpha_i,$$

$$\overline{\alpha}^i = v_{22} \alpha_i - \sum_{k=3}^{n} v_{ik} \alpha_k.$$

Anwendung der allgemein gültigen Gleichung (37) auf $\overline{A}^+$ liefert daher

$$\sum_k (v_{ik} + v_{ki}) \alpha_k = (v_{11} + v_{22}) \alpha_i.$$

Da das für beliebige Werte der α_i gelten muß, ist

$$v_{ik} + v_{ki} = (v_{11} + v_{22}) \delta_{ik}$$

$[\delta_{ik} = 1$ oder 0, je nachdem $i = k$ oder $i \neq k$; $i, k = 3, 4, \ldots, n]$.
Wir setzen noch

$$v_{11} + v_{22} = 2v, \quad v_{11} = v + \varrho, \quad v_{22} = v - \varrho.$$

Was endlich die zum Lande — 1 gehörigen Matrizen A^- anbetrifft, so erhält man durch ihre zweimalige Zusammensetzung mit der zum

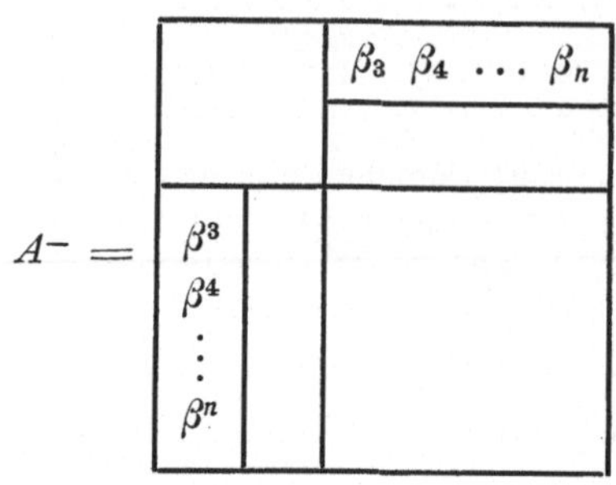

Lande $+$ 1 gehörigen Gruppenmatrix $A^+ = H$, welche den Werten $\alpha_3 = 1$; $\alpha_4 = \cdots = \alpha_n = 0$ entspricht, eine zum Lande $+$ 1 gehörige Matrix $[H[HA^-]]$, deren Zeile aus den Zahlen

$$\beta_3 - 2\,\beta^3, \ \beta_4, \ \ldots, \ \beta_n,$$

deren Spalte aus den Zahlen

$$\beta^3 - 2\,\beta_3, \ \beta^4, \ \ldots, \ \beta^n$$

besteht. Da Zeile und Spalte nach (37) übereinstimmen müssen, ergibt sich auch für das Land — 1:

(39) $$\beta^3 = \beta_3, \ \beta^4 = \beta_4, \ \ldots, \ \beta^n = \beta_n.$$

Alle Ergebnisse sind zusammengefaßt in dem folgenden Schema für die allgemeine Gruppenmatrix, in welchem der Teil $*$ schiefsymmetrisch ist. (E bedeutet die Einheitsmatrix). Die noch gar nicht herangezogene

$$
\begin{array}{|cc|ccccc|}
\hline
\varrho & 0 & \alpha_3 & \alpha_4 & \ldots & \alpha_n \\
0 & -\varrho & \beta_3 & \beta_4 & \ldots & \beta_n \\
\hline
\beta_3 & \alpha_3 & & & & \\
\beta_4 & \alpha_4 & & & & \\
\cdot & \cdot & & * & & \\
\cdot & \cdot & & & & \\
\beta_n & \alpha_n & & & & \\
\hline
\end{array}
\ + v E
$$

Voraussetzung 2) der verschwindenden Spur lehrt, daß die Dilatation vE wegfällt: $v = 0$. Nunmehr enthält unser Schema gerade die geforderte Parameterzahl; und es zeigt sich, daß g *die Gruppe derjenigen infinitesimalen linearen Transformationen ist, welche die quadratische Form*

$$- 2\,\xi^1\,\xi^2 + \{(\xi^3)^2 + \cdots + (\xi^n)^2\}$$

invariant lassen. Der Beweis ist beendet.

Machen wir die Koordinatentransformation (34) wieder rückgängig, so geht die invariante quadratische Form natürlich in die Einheitsform

$$(\xi^1)^2 + (\xi^2)^2 + \cdots + (\xi^n)^2$$

über. Bei dieser Variablenwahl erkennt man leicht, daß die Voraussetzung der verschwindenden Spur ganz entbehrt werden kann. Denn mit J und den zu den Ländern $+$ 1 und — 1 gehörigen Matrizen sind wir im Besitz der Operationen

$$S^{(1\,i)}, \ S^{(2\,i)} \qquad\qquad (i = 1,\, 2,\, 3,\, \ldots,\, n).$$

Für $i,\, k = 3,\, 4,\, \ldots,\, n$ ist aber — vgl. den Schluß der fünften Vorlesung —

$$S^{(ik)} = [S^{(i1)},\ S^{(1k)}].$$

Infolgedessen liegen alle Gruppenmatrizen von $\mathfrak{g}_0$ in $\mathfrak{g}$. —

Nachdem mir eines guten Tages diese Gedankenkombination eingefallen war — sie hat sich nachträglich, wie das zu gehen pflegt, noch wesentlich vereinfacht —, zweifelte ich nicht mehr daran, daß durch Verfolgung des eingeschlagenen Weges der vollständige Beweis des gruppentheoretischen Satzes gelingen würde. Der weitere Weg erwies sich freilich noch als recht dornenvoll. *Sachlich* war nämlich durch die bisherigen Überlegungen nicht allzu viel gewonnen; es ist fast ebenso schwer, von der *einen* Operation $S^{(12)}$ der inf. EUKLIDischen Drehungsgruppe einzusehen, daß sie notwendig in $\mathfrak{g}$ auftritt, wie von allen zusammen. *Methodisch* war jedoch sehr viel erreicht; denn der vollständige Beweis benutzt die gleichen Hilfsmittel und Gedanken, die nur noch wesentlich komplizierter miteinander verzahnt werden müssen. Wie sich dabei herausstellt, bleibt unser Theorem *in drei und mehr Dimensionen* selbst dann richtig, wenn die Eigenschaft 2), daß die Spur aller Gruppenmatrizen verschwindet, die *Volumtreue* nicht mit postuliert wird. Nur im Falle der Dimensionszahl $n = 2$ ist sie unentbehrlich (Anhang 12).

Während beim HELMHOLTZschen Raumproblem der *Wert der Krümmung* unentschieden blieb, findet hier außer der *Dimensionszahl* 4 nur der Umstand noch keine Erklärung, daß die metrische Fundamentalform der wirklichen Welt gerade den *Trägheitsindex* 1 besitzt. Über den inneren Grund für die Dimensionszahl 4 und den Trägheitsindex 1 habe ich wohl Vermutungen, kann aber etwas Endgültiges nicht darüber aussagen.

Ich bin am Ende meiner Ausführungen angelangt. Während fast alle tieferen mathematischen Theorien — wie z. B. die wunderbare Theorie der algebraischen Zahlkörper — innerhalb der großen philosophischen Zusammenhänge der Erkenntnis nicht viel zu bedeuten haben und auf der anderen Seite das, was die Mathematik beisteuern kann zur Beleuchtung allgemeiner Erkenntnisprobleme, meist der Oberfläche der Mathematik entstammt, haben wir hier den seltenen Fall, daß ein für alle Wirklichkeitserkenntnis grundlegendes Problem, wie es das Raumproblem ist, zu tief eindringenden mathematischen Fragestellungen Anlaß gibt. Hoffentlich ist es mir gelungen, Ihnen davon einen Eindruck zu vermitteln; dann wäre es kein Unglück, wenn Ihnen bei der gedrängten Fassung der Vorträge, zu welcher die kurze Zeit zwang, dieses oder jenes Detail entgangen wäre.

Zusätze.

(Die Formeln sind in jedem »Anhang« durchnumeriert; Formelverweise beziehen sich, wenn nichts anderes bemerkt ist, auf den *gleichen* Anhang; Formeln des Haupttextes werden mit einem der Formelnummer vorangestellten H zitiert.)

Anhang 1. (Zu Seite 7.) Schreibt man

$$(xx) = x_0^2 - (x_1^2 + x_2^2 + x_3^2),$$

so wird eine »Kugel« in der MINKOWSKIschen Welt allgemein dargestellt durch eine homogene lineare Gleichung zwischen den homogenen »hexasphärischen Koordinaten« u_i, welche durch die Proportion

$$u_0 : u_1 : u_2 : u_3 : u_4 : u_5 = x_0 : x_1 : x_2 : x_3 : \tfrac{1}{2}(xx) : 1$$

definiert sind. Die »Ebenen« zählen dabei mit zu den Kugeln. Diese Koordinaten sind nicht unabhängig voneinander, sondern genügen der quadratischen Identität

$$(1) \qquad \Omega(u) \equiv - u_0^2 + u_1^2 + u_2^2 + u_3^2 + 2 u_4 u_5 = 0.$$

Soll wirklich jedes Verhältnis von sechs reellen Zahlen u_i, welche dieser Gleichung genügen, ohne alle zu verschwinden, einen Punkt darstellen, so müssen den eigentlichen Punkten noch uneigentliche, unendlichferne Punkte hinzugefügt werden mit den hexasphärischen Koordinaten

$$u_0 : u_1 : u_2 : u_3 : u_4 : 0,$$

welche der Gleichung

$$- u_0^2 + u_1^2 + u_2^2 + u_3^2 = 0$$

genügen; sie bilden die »unendlichferne Kugel« $u_5 = 0$. [Ist (xx) wie in der gewöhnlichen EUKLIDischen Geometrie definit, so bekommt der MÖBIUSsche Kugelraum nur den einzigen unendlichfernen Punkt

$$0 : 0 : 0 : 0 : 1 : 0;$$

im indefiniten Fall ist es damit aber anders bestellt. Das Unendlichferne ist natürlich hier von ganz anderer Art als in der projektiven Geometrie.] *Jede homogene lineare Transformation der u_i, welche die Gleichung (1) in sich überführt, liefert eine Möbiussche Kugelverwandtschaft.* In der Tat wird durch sie eine punktweise Abbildung des CARTESIschen Raumes auf sich selber definiert, welche Kugeln in Kugeln verwandelt. Den Beweis dafür, daß die so definierten MÖBIUSschen Kugelverwandtschaften die einzigen Abbildungen sind, welche die Nullelemente invariant lassen, werden wir in Anhang 6 mit den Methoden der Infinitesimalgeometrie erbringen*). —

Hernach brauchen wir die Tatsache, daß die *ähnlichen Abbildungen* die einzigen MÖBIUSschen Kugelverwandschaften sind, welche die unendlichferne Kugel in sich überführen. Eine solche Abbildung, durch welche der willkürliche Punkt mit den hexasphärischen Koordinaten u_i übergeht in den Punkt u_i', sei gegeben durch die Gleichungen

$$u_i' = \sum_{k=0}^{5} \alpha_k^{(i)} u_k .$$

Da für $u_5 = 0$ auch u_5' verschwinden soll, muß die letzte Zeile der Matrix $A = (\alpha_k^{(i)})$ so aussehen:

$$(\alpha_0^{(5)},\ \alpha_1^{(5)},\ \alpha_2^{(5)},\ \alpha_3^{(5)},\ \alpha_4^{(5)},\ \alpha_5^{(5)}) = (0,\ 0,\ 0,\ 0,\ 0,\ \alpha);$$

den in A noch enthaltenen unbestimmten Proportionalitätsfaktor festlegend, kann man $\alpha = 1$ setzen. Verstehen wir unter $\Omega(uv)$ die zur quadratischen Form $\Omega(u)$ gehörige symmetrische Bilinearform zweier Variablenreihen u, v:

$$(2) \qquad \Omega(uv) = (- u_0 v_0 + u_1 v_1 + u_2 v_2 + u_3 v_3) + (u_4 v_5 + u_5 v_4)$$

und verwenden Ω auch als Zeichen für die symmetrische Matrix ihrer Koeffizienten, so wird die Invarianz der Gleichung $\Omega(u) = 0$ gegenüber der Transformation A im Matrizenkalkül dadurch ausgedrückt, daß

$$(3) \qquad\qquad A\,\Omega\,\overline{A} \quad \text{proportional zu } \Omega$$

ist. $\overline{A}$ bedeutet die durch Vertauschung der Zeilen und Kolonnen aus A entstehende »transponierte« Matrix. Ω hat die Eigenschaft, zu sich selbst invers zu sein, d. h. durch Zusammensetzung von Ω mit sich selber, $\Omega\Omega$, entsteht die Einheitsmatrix. Deshalb folgt durch Zusammensetzung mit ΩA aus (3):

$$A\,\Omega\,\overline{A}\,\Omega\,A \quad \text{proportional zu } A,$$

oder da die Determinante von A nicht verschwindet, durch Forthebung des ersten Faktors A:

$$\Omega\,\overline{A}\,\Omega\,A \quad \text{proportional zur Einheitsmatrix.}$$

Fügt man endlich vorne den Faktor Ω hinzu, so kommt:

$$(4) \qquad\qquad \overline{A}\,\Omega\,A \quad \text{proportional zu } \Omega.$$

Nennen wir $\Omega(uv)$ das »Kugelprodukt« von u und v, so besagt (3), daß die aus den Kugelprodukten $\Omega(\alpha_i \alpha_k)$ der *Spalten* α_k von A gebildete Matrix zu Ω proportional ist, (4) hingegen, daß die aus den Kugelprodukten $\Omega(\alpha^{(i)} \alpha^{(k)})$ der *Zeilen* $\alpha^{(i)}$ von A bestehende Matrix zu Ω proportional ist. Die letzte Tatsache lehrt insbesondere, daß

$$\Omega(\alpha^{(i)} \alpha^{(5)}) = 0 \quad \text{oder} \quad \alpha_4^{(i)} = 0 \quad \text{ist für} \quad i = 0,\ 1,\ 2,\ 3.$$

---

*) Dieser Satz stammt von LIOUVILLE: Note VI im Anhang zu G. MONGE, Application de l'analyse à la géométrie (1850), S. 609.

Die Matrix A hat also die nebenstehende Gestalt. In dem Ausdruck $\Omega(uv)$, Formel (2), für die Kugelprodukte der ersten vier Spalten α_k ($k = 0, 1, 2, 3$) fallen die letzten beiden Glieder

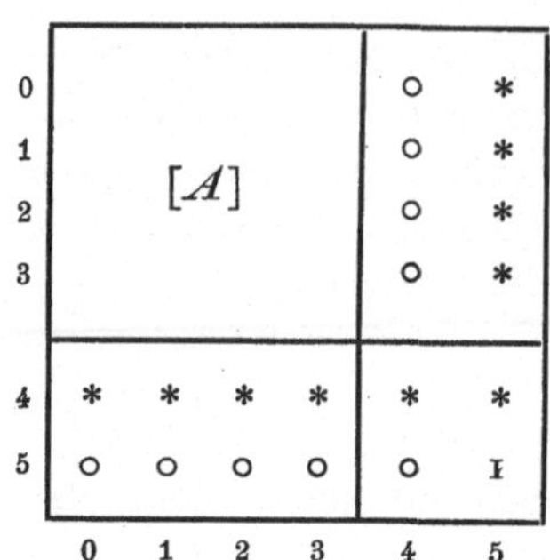

$$(u_4 v_5 + u_5 v_4)$$

fort, weil das letzte Element jeder dieser Spalten verschwindet. Infolgedessen ist das in dem Schema mit $[A]$ bezeichnete Teilquadrat die Matrix einer linearen Transformation der vier Variablen $u_0\, u_1\, u_2\, u_3$, welche die Gleichung

$$- u_0^2 + u_1^2 + u_2^2 + u_3^2 = 0$$

invariant läßt. Wir kommen daher in der Tat auf eine Ähnlichkeitstransformation:

$$x_i' = \sum_{k=0}^{3} \alpha_k^{(i)}\, x_k + \alpha_5^{(i)} \qquad (i = 0, 1, 2, 3).$$

Anhang 2. (Zu Seite 18.) Im systematischen Gang unserer Untersuchung wird fast nur davon Gebrauch gemacht, daß die Gleichungen $H(10)$ die gewünschte Proportionalität zur Folge haben; in der Tat ergeben sie

$$[\Gamma_{rs}^i]\, \xi^r\, \xi^s = 2\, \xi^i\, (\psi_r\, \xi^r).$$

Etwas mehr Überlegung erfordert der Beweis der Umkehrung. Die dabei vorauszusetzende Proportionalität drückt sich in den Gleichungen aus:

$$\xi^k \cdot [\Gamma_{rs}^i]\, \xi^r\, \xi^s - \xi^i \cdot [\Gamma_{rs}^k]\, \xi^r\, \xi^s = 0$$

oder

$$\left(\delta_t^k\, [\Gamma_{rs}^i] - \delta_t^i\, [\Gamma_{rs}^k]\right) \xi^r\, \xi^s\, \xi^t = 0.$$

Bringt man die Koeffizienten der auf der linken Seite stehenden kubischen Form in eine solche Gestalt, daß sie symmetrisch sind in den drei Indizes rst, so müssen sie einzeln verschwinden:

$$\left(\delta_t^k\, [\Gamma_{rs}^i] - \delta_t^i\, [\Gamma_{rs}^k]\right) + \left(\delta_r^k\, [\Gamma_{st}^i] - \delta_r^i\, [\Gamma_{st}^k]\right) + \left(\delta_s^k\, [\Gamma_{tr}^i] - \delta_s^i\, [\Gamma_{tr}^k]\right) = 0.$$

»Verjüngen« wir in bezug auf k und t, d. h. setzen wir $t = k$ und summieren darauf über den Index k, so erhalten wir

$$(n + 1)\, [\Gamma_{rs}^i] - \delta_r^i\, [\Gamma_{sk}^k] - \delta_s^i\, [\Gamma_{rk}^k] = 0.$$

Setzen wir also

$$[\Gamma_{rk}^k] = (n + 1)\, \psi_r,$$

so bekommen wir die gewünschten Gleichungen $H(10)$.

Anhang 3. (Zu Seite 22.) Die ganze von uns durchgeführte Betrachtung läßt an Strenge nichts zu wünschen übrig; man kann sich sehr leicht von der Verwendung der unendlichkleinen Größen befreien. Man hat zu diesem Zweck nur unser Flächenelement aufzufassen als zugehörig zu einer endlich ausgedehnten Fläche, welche durch eine Parameterdarstellung $x_i = x_i(s\,t)$ gegeben ist. Der Punkt P entspreche den Parameterwerten $s = 0$, $t = 0$; das Linienelement d wird beschrieben, wenn t konstant $= 0$ gehalten wird und s von 0 ab wächst, das Linienelement δ, wenn s konstant $= 0$ gehalten wird und t von 0 ab wächst. Durch kongruente Verpflanzung der in P gegebenen Strecke l_0 längs der Koordinatenlinie $s = 0$ erhalten wir ein Streckenfeld $l(0, t)$ längs dieser Linie, das der Gleichung genügt:

$$\frac{dl}{dt} = - l \cdot \left(\varphi_i \frac{dx_i}{dt} \right) \qquad\qquad (s = 0).$$

Durch den Punkt $(0, t_0)$ läuft eine Koordinatenlinie $t = t_0$; verpflanzen wir an ihr entlang vom Anfangspunkt $(0, t_0)$ aus die Strecke $l(0, t_0)$ kongruent, so erhalten wir, indem für t_0 alle möglichen t-Werte eintreten können, ein Streckenfeld $l(s, t)$ auf unserer Fläche, das identisch in s und t der Gleichung genügt

$$\frac{dl}{ds} = - l \cdot \left(\varphi_i \frac{dx_i}{ds} \right).$$

Unter Vertauschung der Rolle von s und t erhalten wir ein analoges Streckenfeld $l'(st)$, das identisch der Beziehung genügt

$$\frac{dl'}{dt} = - l' \cdot \left(\varphi_i \frac{dx_i}{dt} \right).$$

Sowohl auf der Linie $s = 0$ wie der Linie $t = 0$ stimmt l mit l' überein. Es handelt sich um die Bestimmung von $\Delta l = l' - l$ für kleine s und t. Da $\Delta l(s, t)$ identisch in t für $s = 0$ und identisch in s für $t = 0$ verschwindet, ist

$$\Delta l = \int_0^s \int_0^t \frac{\partial^2 (\Delta l)}{\partial s \, \partial t} \, dt \, ds, \qquad \lim_{\substack{s=0 \\ t=0}} \frac{\Delta l}{s \cdot t} = \left(\frac{\partial^2 (\Delta l)}{\partial s \, \partial t} \right)_0.$$

Die Berechnung dieses zweiten Differentialquotienten verläuft nun genau wie im Text, wobei immer d durch $\dfrac{d}{ds}$, δ durch $\dfrac{d}{dt}$ zu ersetzen ist:

$$\frac{d}{dt} \left(\frac{dl}{ds} \right) = - \frac{dl}{dt} \cdot \left(\varphi_i \frac{dx_i}{ds} \right) - l \cdot \frac{d}{dt} \left(\varphi_i \frac{dx_i}{ds} \right).$$

Für $s = 0$ ist hierin $\dfrac{dl}{dt}$ zu ersetzen durch $- l \cdot \left(\varphi_i \dfrac{dx_i}{dt} \right)$. Nach der Subtraktion kommt also für $s = 0$, $t = 0$:

$$\frac{\partial^2 (\Delta l)}{\partial s \, \partial t} = - l \left\{ \frac{d}{ds} \left(\varphi_k \frac{dx_k}{dt} \right) - \frac{d}{dt} \left(\varphi_i \frac{dx_i}{ds} \right) \right\} = - l \cdot \Delta \varphi.$$

Nun ist aber

$$\frac{d}{ds} \left(\varphi_k \frac{dx_k}{dt} \right) = \frac{\partial \varphi_k}{\partial x_i} \frac{dx_i}{ds} \frac{dx_k}{dt} + \varphi_i \frac{d^2 x_i}{ds \, dt}.$$

Subtraktion liefert daher, weil der gemischte Differentialquotient $\dfrac{d^2 x_i}{ds \, dt}$

unabhängig ist von der Reihenfolge der beiden Differentiationen:

$$\varDelta\varphi = \left(\frac{\delta\varphi_k}{\delta x_i} - \frac{\delta\varphi_i}{\delta x_k}\right)\frac{d x_i}{d s}\frac{d x_k}{d t}.$$

Das Schicksal einer Strecke bei kongruenter Verpflanzung längs geschlossener Wege läßt sich analytisch bequemer überblicken — alle Aussagen erscheinen nämlich in dem bekannten Stokesschen Satz der Vektoranalysis zusammengefaßt —, wenn wir die Gleichung

$$dl = -\, l\, d\varphi \quad \text{in der Form schreiben:} \quad d\lg l = -\, d\varphi.$$

Ich habe hier aber absichtlich diesen Weg nicht eingeschlagen, damit der Gedankengang sich hernach ungeändert auf die Parallelverschiebung von *Vektoren* übertragen läßt.

Der allgemeine Satz über die *Lösung totaler Differentialgleichungen*, zu dessen Beweis uns diese Betrachtungen zugleich den Weg zeigen, handelt von einem System $\mathfrak{l} = (l_1, l_2, \ldots, l_m)$ unbekannter Funktionen mehrerer Variablen $x_1\, x_2 \ldots x_n$, welche den Gleichungen zu genügen haben:

$$(1) \qquad \frac{\delta\mathfrak{l}}{\delta x_i} = \mathfrak{F}_i(x; \mathfrak{l}) \qquad (i = 1,\, 2,\, \ldots,\, n).$$

Jedes $\mathfrak{F}_i$ ist ein gegebenes System von m Funktionen der unabhängigen Variablen $x_1\, x_2 \ldots x_n$; $l_1, l_2, \ldots, l_m$. Sie seien stetig in allen Variablen und mögen außerdem in bezug auf die Variablen l der sog. Lipschitzschen Bedingung genügen

$$|\mathfrak{F}_i(x; \mathfrak{l}') - \mathfrak{F}_i(x; \mathfrak{l})| \leqq \text{Const.}\,|\mathfrak{l}' - \mathfrak{l}|;$$

$|\mathfrak{l}' - \mathfrak{l}|$ bedeutet dabei $|l_1' - l_1| + |l_2' - l_2| + \cdots + |l_m' - l_m|$. Ist nur eine Variable x vorhanden, so hat dieses System von Gleichungen

$$\frac{d\mathfrak{l}}{dx} = \mathfrak{F}(x; \mathfrak{l})$$

eine und nur eine Lösung $\mathfrak{l}$, welche sich für $x = 0$ auf einen vorgegebenen Anfangswert $\mathfrak{l} = \mathfrak{l}_0$ reduziert. Die bequemste Methode zu ihrer Konstruktion wird durch das Verfahren der sukzessiven Approximation geliefert [vgl. etwa Picard, Traité d'analyse (2. Aufl., Paris 1905), Bd. 2, S. 340]. Diese Tatsache setzen wir als bekannt voraus; es handelt sich für uns darum, sie von *einer* unabhängigen Variablen x auf den Fall einer beliebigen Anzahl n von unabhängigen Variablen zu übertragen.

Wir setzen zunächst $x_2 = \cdots = x_n = 0$ und erhalten ein eindeutig bestimmtes Funktionensystem $\mathfrak{l} = \mathfrak{l}(x_1\, 0\, 0 \ldots 0)$ aus der Differentialgleichung

$$\frac{d\mathfrak{l}}{dx_1} = \mathfrak{F}_1(x_1\, 0 \ldots 0;\ \mathfrak{l})$$

zusammen mit der Anfangsbedingung: $\mathfrak{l} = \mathfrak{l}_0$ für $x_1 = 0$. Darauf nehmen wir ein festes x_1, lassen x_2 variieren, während x_3 bis x_n noch $= 0$

bleiben; wir erhalten eine und nur eine Lösung $\mathfrak{l}(x_1 x_2 o \ldots o)$ der Gleichung

$$\frac{d\mathfrak{l}}{dx_2} = \mathfrak{F}_2(x_1 \, x_2 \, o \ldots o; \, \mathfrak{l}),$$

welche sich für $x_2 = o$ auf das schon ermittelte $\mathfrak{l}(x_1 o o \ldots o)$ reduziert. Indem wir so fortfahren, erhalten wir schließlich ein einziges System $\mathfrak{l} = \mathfrak{l}(x_1 x_2 \ldots x_n)$, welches der i^{ten} der vorgelegten Gleichungen (1) identisch in $x_1 x_2 \ldots x_i$ genügt, wenn man die folgenden Variablen $x_{i+1}, \ldots, x_n = o$ setzt $(i = 1, 2, \ldots, n)$, im Anfangspunkt sich aber auf $\mathfrak{l}_0$ reduziert. Die Unität der Lösung ist damit bereits gewährleistet. Es bleibt noch die Frage, unter welchen Bedingungen das ermittelte $\mathfrak{l}$ den Gleichungen (1) identisch in *allen* Variablen genügt.

Einfach läßt sich die Frage nur beantworten, wenn die $\mathfrak{F}_i$ *stetig differentiierbare* Funktionen ihrer sämtlichen $n + m$ Argumente sind. Für eine Lösung $\mathfrak{l}$ der Gleichungen (1) erhält man dann, wenn man die i^{te} Gleichung nach x_k differentiiert,

$$\frac{\partial^2 \mathfrak{l}}{\partial x_k \partial x_i} = \frac{\partial \mathfrak{F}_i}{\partial x_k} + \frac{\partial \mathfrak{F}_i}{\partial \mathfrak{l}} \frac{\partial \mathfrak{l}}{\partial x_k}$$

(das zweite Glied rechts bedeutet natürlich die Summe

$$\frac{\partial \mathfrak{F}_i}{\partial l_1} \cdot \frac{\partial l_1}{\partial x_k} + \frac{\partial \mathfrak{F}_i}{\partial l_2} \cdot \frac{\partial l_2}{\partial x_k} + \cdots + \frac{\partial \mathfrak{F}_i}{\partial l_m} \cdot \frac{\partial l_m}{\partial x_k}\bigg).$$

Ersetzt man rechts $\dfrac{\partial \mathfrak{l}}{\partial x_k}$ nach den Gleichungen (1) durch $\mathfrak{F}_k$ und beachtet, daß das Resultat von der Reihenfolge der beiden Differentiationen nach x_i und x_k unabhängig sein muß, so findet man

$$(J_{ik}) \quad [\mathfrak{F}_i, \, \mathfrak{F}_k] \equiv \left(\frac{\partial \mathfrak{F}_i}{\partial x_k} - \frac{\partial \mathfrak{F}_k}{\partial x_i}\right) + \left(\frac{\partial \mathfrak{F}_i}{\partial \mathfrak{l}} \cdot \mathfrak{F}_k - \frac{\partial \mathfrak{F}_k}{\partial \mathfrak{l}} \cdot \mathfrak{F}_i\right) = o \cdot$$

Das sind die »*Integrabilitätsbedingungen*«, welche identisch in den $n + m$ unabhängigen Variablen x und $\mathfrak{l}$ erfüllt sein müssen, wenn unsere Gleichungen Lösungen besitzen sollen, welche an irgendeiner vorgegebenen Stelle x in beliebig vorgegebene Werte $\mathfrak{l}$ übergehen. Sie sind aber für die Lösbarkeit in diesem Sinne nicht bloß notwendig, sondern auch hinreichend. Denn unter der Voraussetzung, daß die Integrabilitätsbedingungen erfüllt sind, können wir zeigen, daß das oben ermittelte System $\mathfrak{l}$ den Gleichungen (1) *identisch in allen Variablen* x genügt.

Betrachten wir zu diesem Zweck die Funktionen

$$\frac{\partial \mathfrak{l}}{\partial x_i} - \mathfrak{F}_i(x; \, \mathfrak{l}) = \mathfrak{l}_i$$

und setzen zunächst alle Variablen $= o$ außer x_1 und x_2. Dann verschwindet nach Konstruktion $\mathfrak{l}_2$ identisch, während wir von $\mathfrak{l}_1$ nur wissen, daß es o ist, wenn auch noch das Argument x_2 verschwindet. Es ist aber

5*

$$\frac{\partial \mathfrak{l}_1}{\partial x_2} - \frac{\partial \mathfrak{l}_2}{\partial x_1} = -\frac{\partial \mathfrak{F}_1}{\partial x_2} - \frac{\partial \mathfrak{F}_1}{\partial \mathfrak{l}}\frac{\partial \mathfrak{l}}{\partial x_2} + \frac{\partial \mathfrak{F}_2}{\partial x_1} + \frac{\partial \mathfrak{F}_2}{\partial \mathfrak{l}}\frac{\partial \mathfrak{l}}{\partial x_1}$$

$$= -[\mathfrak{F}_1 \mathfrak{F}_2] + \left(\frac{\partial \mathfrak{F}_2}{\partial \mathfrak{l}}\mathfrak{l}_1 - \frac{\partial \mathfrak{F}_1}{\partial \mathfrak{l}}\mathfrak{l}_2\right).$$

Wegen der Integrabilitätsbedingung J_{12} ist daher

$$\frac{\partial \mathfrak{l}_1}{\partial x_2} - \frac{\partial \mathfrak{l}_2}{\partial x_1} = \frac{\partial \mathfrak{F}_2}{\partial \mathfrak{l}}\mathfrak{l}_1 - \frac{\partial \mathfrak{F}_1}{\partial \mathfrak{l}}\mathfrak{l}_2.$$

Setzen wir auch hier alle Variablen außer $x_1\, x_2$ gleich Null, so kommt

$$\frac{d\mathfrak{l}_1}{dx_2} = \frac{\partial \mathfrak{F}_2}{\partial \mathfrak{l}}\mathfrak{l}_1.$$

Bei festem x_1 ist das eine homogene lineare Differentialgleichung für die Funktion $\mathfrak{l}_1$ von x_2; da $\mathfrak{l}_1$ für $x_2 = \mathrm{o}$ verschwindet, liefert der Unitätssatz: $\mathfrak{l}_1 = \mathrm{o}$ *identisch in x_2 bei beliebigem x_1.* Auf die gleiche Weise liefert die Integrabilitätsbedingung J_{13}, in der wir nur die Variablen $x_1\, x_2\, x_3$ beibehalten, während die übrigen $= \mathrm{o}$ zu setzen sind: daß die Funktion $\mathfrak{l}_1(x_1\, x_2\, x_3\, \mathrm{o} \ldots \mathrm{o})$ von x_3 bei festen, aber beliebigen $x_1\, x_2$ der linearen Differentialgleichung genügt:

$$\frac{d\mathfrak{l}_1}{dx_3} = \frac{\partial \mathfrak{F}_3}{\partial \mathfrak{l}}\cdot \mathfrak{l}_1.$$

Da diese Funktion $\mathfrak{l}_1$ nach dem schon erlangten Resultat für $x_3 = \mathrm{o}$ verschwindet, ist sie nach dem Unitätssatz überhaupt $= \mathrm{o}$. So fortfahrend, können wir mit Hilfe der Integrabilitätsbedingungen $J_{12}, J_{13}, \ldots,$ J_{1n} in der Gleichung $\mathfrak{l}_1 = \mathrm{o}$ sukzessive alle zunächst auf den Wert o festgelegten Argumente $x_1\, x_2\, x_3 \ldots x_n$ variabel machen. Ebenso erhalten wir mit Hilfe der Integrabilitätsbedingungen $J_{23}, \ldots, J_{2n}$ die Gleichung $\mathfrak{l}_2 = \mathrm{o}$ identisch in allen Variablen; usw.

Aus dem Beweise geht hervor, daß *die Integrabilitätsbedingung $J_{ik}(x; \mathfrak{l})\ (i < k)$ nur für die x-Argumente von der Form $(x_1\, x_2 \ldots x_k\, \mathrm{o} \ldots \mathrm{o})$ ausgenutzt wird.* Das ist eine sehr wichtige Bemerkung, von der später Gebrauch gemacht werden soll.

Anhang 4. (Zu Seite 24.) Aus der Konstruktion des linearen Koordinatensystems selber geht hervor, daß es *bis auf eine lineare Transformation eindeutig bestimmt* ist. Die einzigen Abbildungen des affin-EUKLIDischen Raumes auf sich selber, bei welchen sein affiner Zusammenhang ungeändert bleibt, — bei welchen also zwei Vektoren in unendlich benachbarten Punkten, von denen der eine aus dem anderen durch infinitesimale Parallelverschiebung hervorgeht, wieder in zwei derartige Vektoren übergehen, — sind demnach diejenigen, welche sich in einem linearen Koordinatensystem durch *lineare* Transformationsformeln ausdrücken.

In einem metrisch-EUKLIDischen Raum verwenden wir als »normales Bezugssystem« ein solches, in welchem die quadratische Fundamentalform die Gestalt besitzt

$$ds^2 = E_q(dx) = - dx_1^2 - \cdots - dx_q^2 + dx_{q+1}^2 + \cdots + dx_n^2$$
$$(q \text{ der Trägheitsindex})$$

und die lineare $d\varphi$ verschwindet. Aus unserer Konstruktion geht hervor, daß der Übergang zwischen irgend zwei normalen Bezugssystemen dadurch zustande kommt, daß auf die Variablen x_i eine lineare Transformation ausgeübt wird, welche die »Einheitsform vom Trägheitsindex q« $E_q(x)$ in ein konstantes Multiplum λ ihrer selbst verwandelt, und daß gleichzeitig die Einheit für die Maßzahlen der Strecken im konstanten Verhältnis $1 : \lambda$ geändert wird. Die einzigen Abbildungen des metrisch-EUKLIDischen Raumes also, bei welchen dessen metrisches Feld sich erhält *(ähnliche Abbildungen)*, drücken sich in einem normalen Bezugssystem durch eine Transformation von der geschilderten Art aus.

Anhang 5. (Zu Seite 27.) Zum Beweise benutzen wir in der Umgebung der zu untersuchenden Stelle P Koordinaten x_i, die in P verschwinden, und für welche ds^2 im Punkte P die CARTESische Gestalt (dx, dx) besitzt. Das zu umfahrende Flächenelement $\Delta\sigma$ liege in der »Ebene« der Koordinaten $x_1 x_2$, d. h. es werde aufgespannt von zwei Linienelementen

$$d: dx_1, dx_2, 0, \ldots, 0 \quad \text{und} \quad \delta: \delta x_1\, \delta x_2, 0, \ldots, 0,$$

deren 3. bis n^{te} Komponente verschwinden. Ebenso verschwinden alle Komponenten des zu untersuchenden Vektors $\mathfrak{x} = (\xi^1, \xi^2, 0, \ldots, 0)$ außer den beiden ersten. Ist

$$\Delta\mathfrak{x} = (\Delta\xi^1, \Delta\xi^2, \ldots, \Delta\xi^n),$$

so ist die »tangentiale« Komponente:

$$\Delta_t\mathfrak{x} = (\Delta\xi^1, \Delta\xi^2, 0, \ldots, 0).$$

Wir haben die Gleichungen

$$\Delta\xi^i = - F^i_{k,\,\alpha\beta}(dx)^\alpha (\delta x)^\beta \xi^k,$$

wo alle Indizes nur die Werte 1 und 2 durchlaufen; oder

$$\Delta\xi^i = - F^i_{k,\,12}\, \xi^k (dx_1\, \delta x_2 - dx_2\, \delta x_1).$$

Es ist aber $F^i_{k,\,12} = F_{ik,\,12}$ auch schiefsymmetrisch im Indexpaar ik; setzen wir
$$F_{12,12}(dx_1\, \delta x_2 - dx_2\, \delta x_1) = \Delta\omega,$$
so lauten unsere Gleichungen

$$\Delta\xi^1 = - \Delta\omega \cdot \xi^2, \quad \Delta\xi^2 = \Delta\omega \cdot \xi^1,$$

und diese Formeln bedeuten eine Drehung um den unendlich kleinen Winkel $\Delta\omega$. Als positive Drehung ist dabei diejenige gerechnet, welche in unserer Ebene die Richtung der positiven x_1-Achse in die Richtung der positiven x_2-Achse durch einen Winkel von $90°$ überführt. Stimmt dieser Drehungssinn mit dem Umlaufssinn von $\Delta\sigma$ überein, so ist

$$dx_1\, \delta x_2 - dx_2\, \delta x_1$$

positiv und gibt die absolute Größe des Flächenelements an; wir haben also

$$\frac{\Delta \omega}{\Delta \sigma} = \frac{F_{12,12}(dx_1\,\delta x_2 - dx_2\,\delta x_1)^2}{(dx_1\,\delta x_2 - dx_2\,\delta x_1)^2}.$$

Hier stimmen aber Zähler und Nenner für die getroffene besondere Wahl des Koordinatensystems überein mit den Ausdrücken, welche im Haupttext angegeben worden sind. Es bleibt nur noch zu zeigen, daß jene Ausdrücke invariant sind gegenüber Koordinatentransformation, und das sieht man so ein: Invariante Bedeutung hat jedenfalls die Operation

$$(\Delta \delta x)^i = -\,F^i_{k,\,\alpha\beta}\,(\delta x)^k\,(dx)^\alpha\,(\delta x)^\beta,$$

nach welcher aus den beiden Linienelementen d und δ ein neues $\Delta \delta$ entsteht; das skalare Produkt desselben mit d ist die Zählerform:

$$(dx)^i\,(\Delta \delta x)_i = -\,F_{ik,\,\alpha\beta}\,(dx)^i\,(\delta x)^k\,(dx)^\alpha\,(\delta x)^\beta.$$

Die Nennerform lautet

$$\begin{aligned}
(\Delta \sigma)^2 &= (g_{i\alpha}g_{k\beta} - g_{i\beta}g_{k\alpha})(dx)^i\,(\delta x)^k\,(dx)^\alpha\,(\delta x)^\beta \\
&= (g_{i\alpha}\,dx_i\,dx_\alpha)\cdot(g_{k\beta}\,\delta x_k\,\delta x_\beta) - (g_{i\beta}\,dx_i\,\delta x_\beta)\cdot(g_{k\alpha}\,\delta x_k\,dx_\alpha) \\
&= (dd)\cdot(\delta\delta) - (d\delta)^2,
\end{aligned}$$

worin $(d\delta)$ das skalare Produkt der Linienelemente d und δ bedeutet. —

Wenige Zeilen später gebrauchen wir den Satz, daß eine Quadrilinearform

$$f(\xi_1\,\xi_2\,\xi_3\,\xi_4) = f_{ik,\,\alpha\beta}\,\xi_1^i\,\xi_2^k\,\xi_3^\alpha\,\xi_4^\beta,$$

welche den dort angegebenen Symmetriebedingungen genügt, identisch verschwindet, wenn die aus ihr hervorgehende biquadratische Form $f(\xi\eta\,\xi\eta)$ Null ist. Die Symmetriebedingungen laufen darauf hinaus, daß f schiefsymmetrisch ist in den beiden Variablenreihen $\xi_1\,\xi_2$, ebenso in den beiden Variablenreihen $\xi_3\,\xi_4$ und außerdem

$$(\text{1}) \qquad f(\xi_1\,\xi_2\,\xi_3\,\xi_4) + f(\xi_1\,\xi_3\,\xi_4\,\xi_2) + f(\xi_1\,\xi_4\,\xi_2\,\xi_3) = 0$$

ist. Daraus folgt $\quad f(\xi_1\,\xi_2\,\xi_3\,\xi_4) = f(\xi_3\,\xi_4\,\xi_1\,\xi_2).$

Man bezeichne nämlich die linke Seite von (1) einen Augenblick mit (1; 2 3 4) und bilde die Kombination

$$(\text{1};\ 2\,3\,4) + (2;\ 1\,4\,3) - (3;\ 4\,1\,2) - (4;\ 3\,2\,1).$$

Wegen des Umstandes, daß f ungeändert bleibt, wenn man gleichzeitig die ersten beiden Argumente miteinander vertauscht und die letzten beiden, reduziert sie sich, wie man durch explizites Hinschreiben der 12 Glieder nachprüfen möge, auf den Ausdruck

Die Summe $\qquad 2\,\{f(\xi_1\,\xi_2\,\xi_3\,\xi_4) - f(\xi_3\,\xi_4\,\xi_1\,\xi_2)\}.$

$$(\text{2}) \qquad f(\xi_1\,\xi_2\,\xi_3\,\xi_4) + f(\xi_1\,\xi_4\,\xi_3\,\xi_2)$$

ist daher nicht nur symmetrisch in $\xi_2\,\xi_4$, sondern auch in $\xi_1\,\xi_3$; das erkennt man, wenn man den ersten Summanden durch den gleichwertigen

$f(\xi_3\,\xi_4\,\xi_1\,\xi_2)$ ersetzt. Nun weiß man aber, daß eine symmetrische Bilinearform $Q(\xi_1\,\xi_2)$ verschwindet, wenn die aus ihr entstehende quadratische Form $Q(\xi\,\xi)$ Null ist. Deshalb ergibt sich aus $f(\xi\eta\,\xi\eta) = 0$ das Verschwinden von (2) oder die Gleichung

$$f(\xi_1\,\xi_4\,\xi_2\,\xi_3) = f(\xi_1\,\xi_2\,\xi_3\,\xi_4).$$

Das heißt aber: f ändert sich nicht bei zyklischer Vertauschung der letzten drei Argumente. Infolgedessen stimmen die drei Glieder in (1) miteinander überein, und jene Gleichung liefert schließlich

$$3f(\xi_1\,\xi_2\,\xi_3\,\xi_4) = 0.$$

Anhang 6. (Zu Seite 29.) Dieser Beweis ist durch eine Reihe von Zusätzen zu ergänzen.

1. Die λ-Kugel mit der auf S. 25 angegebenen metrischen Fundamentalform wird projektiv-treu auf einen EUKLIDischen Raum abgebildet, wenn wir aus den a. a. O. verwendeten Koordinaten x_i die Größen

$$y_i = \frac{x_i}{x_0} \quad [x_0^2 = 1 - \lambda(xx)]$$

bilden und als CARTESische Koordinaten im EUKLIDischen Bildraum deuten. Wir überlassen es dem Leser, die Umrechnung vorzunehmen; ihr Resultat ist das folgende:

$$(1) \qquad ds^2 = \frac{(dy,\ dy)}{1 + \lambda(yy)} - \frac{\lambda(y,\ dy)^2}{\{1 + \lambda(yy)\}^2}.$$

Die zugehörigen Komponenten des affinen Zusammenhanges Γ^i_{rs} sind von der Gestalt $\delta^i_r\,\psi_s + \delta^i_s\,\psi_r$ mit

$$\psi_i = - \frac{\lambda y_i}{1 + \lambda(yy)}.$$

In den Gleichungen H (22), (23) sind diese Koordinaten y_i wieder mit x_i bezeichnet; die Lösung jener Gleichungen lautet also

$$(2) \qquad \begin{cases} g_{ik} = \dfrac{\delta_{ik}}{1 + \lambda(xx)} - \dfrac{\lambda\,x_i x_k}{\{1 + \lambda(xx)\}^2}\,; & \delta_{ik} = \begin{cases} 1\ (i = k) \\ 0\ (i \neq k) \end{cases}, \\ - \psi_i = \dfrac{\lambda\,x_i}{1 + \lambda(xx)}. \end{cases}$$

Nachträglich ist es ein Leichtes, sich durch Einsetzen davon zu überzeugen.

2. Um die Integrabilitätsbedingungen der Gleichungen H (20) zu bilden, differentiiere man die linke Seite D_{ik} dieser Gleichung nach x_l. Man kann sich die Rechnung etwas vereinfachen, wenn man an der zu untersuchenden Stelle ein geodätisches Koordinatensystem benutzt, in welchem die Γ lokal verschwinden. Dann erhält man

$$\frac{\partial D_{ik}}{\partial x_l} = \frac{\partial^2 \psi_i}{\partial x_k \partial x_l} - \frac{\partial \Gamma^r_{ik}}{\partial x_l}\,\psi_r + \psi_i\,\frac{\partial \psi_k}{\partial x_l} + \psi_k\,\frac{\partial \psi_i}{\partial x_l}.$$

Man hat darin für $\dfrac{\partial \psi_k}{\partial x_l}$, $\dfrac{\partial \psi_i}{\partial x_l}$ die aus den Gleichungen $H\,(20)$ sich ergebenden Ausdrücke einzusetzen und darauf die Differenz

$$\frac{\partial D_{ik}}{\partial x_l} - \frac{\partial D_{il}}{\partial x_k}$$

zu bilden. Bei jener Substitution bekommt man, unter Fortlassung aller Terme, die symmetrisch in k und l sind:

$$- \frac{\partial \Gamma_{ik}^r}{\partial x_l}\, \psi_r - \lambda g_{il}\psi_k \,,$$

und somit lauten die Integrabilitätsbedingungen:

$$F_{ikl}^r \psi_r + \lambda\,(g_{ik}\psi_l - g_{il}\psi_k) = 0.$$

Die Gleichungen $H\,(17)$ besagen nichts anderes, als daß dieselben identisch in x und ψ erfüllt sind.

3. Ein Raum ist *projektiv-eben*, hat die projektive Beschaffenheit des Euklidischen Raumes, wenn sich in ihm Koordinaten x_i einführen lassen von folgender Art: bei Parallelverschiebung einer beliebigen Richtung $\mathfrak{r}$ im beliebigen Punkte P_0 nach demjenigen zu P_0 unendlich benachbarten Punkte P, der in der Richtung $\mathfrak{r}$ von P_0 aus liegt, ändert sich das Verhältnis der Komponenten dieser Richtung nicht. Die betr. Koordinaten heißen (inhomogene) projektive Koordinaten. In unseren Überlegungen ist ein infinitesimalgeometrischer Beweis des schon in der 1. Vorlesung ausgesprochenen »*Fundamentalsatzes der projektiven Geometrie*« enthalten, welcher besagt, daß die Transformationsformeln zwischen irgend zwei Systemen projektiver Koordinaten x_i, x_i^* von der Gestalt sind

$$(3) \qquad x_i = \frac{a_{i0} + \sum\limits_k a_{ik}x_k^*}{a_0 + \sum\limits_k a_k x_k^*} .$$

Die einzigen Abbildungen des projektiv-ebenen Raumes auf sich selber, bei welchen seine projektive Beschaffenheit sich erhält, sind diejenigen, welche in einem projektiven Koordinatensystem sich durch derartige Gleichungen ausdrücken (der Punkt x_i^* geht durch die Abbildung über in den Punkt x_i). Sie nehmen eine einfachere Form an, wenn man statt der inhomogenen die homogenen projektiven Koordinaten dadurch einführt, daß man x_i ersetzt durch $\dfrac{x_i}{x_0}$. Die Gültigkeit des Fundamentalsatzes setzt übrigens $n \geqq 2$ voraus, die niederste Dimensionszahl $n = 1$ muß ausgeschlossen werden. Der Beweis verläuft hier, wenn wir ihn gleich mit allen rechnerischen Details durchführen, folgendermaßen.

Wir gehen aus von einem projektiven Koordinatensystem x_i^* und machen unsern Raum zu einem Euklidisch-affinen durch die Festsetzung, daß zwei Vektoren, welche im Koordinatensystem x_i^* gleiche Komponenten besitzen, durch Parallelverschiebung auseinander hervorgehen. Ist dann x_i irgendein projektives Koordinatensystem, so müssen in ihm die Komponenten des affinen Zusammenhanges unseres affinen Raumes die Gestalt besitzen

$$\Gamma_{rs}^i = \delta_r^i \psi_s + \delta_s^i \psi_r.$$

Die Bedingung verschwindenden Vektorwirbels aber liefert für die ψ_i die Differentialgleichungen

$$(4) \qquad \frac{\partial \psi_i}{\partial x_k} - \psi_i \psi_k = 0.$$

In der Tat: bezeichnen wir die linke Seite dieser Gleichung mit Ψ_{ik}, so sind die Wirbelkomponenten

$$\delta_k^i (\Psi_{\alpha\beta} - \Psi_{\beta\alpha}) + (\delta_\alpha^i \Psi_{k\beta} - \delta_\beta^i \Psi_{k\alpha}) = 0.$$

Durch Verjüngung nach i und k folgt daraus

$$(n + 1)(\Psi_{\alpha\beta} - \Psi_{\beta\alpha}) = 0;$$

nachdem wir das erste Glied $\delta_i^k (\Psi_{\alpha\beta} - \Psi_{\beta\alpha})$ gestrichen haben, weiter durch Verjüngung nach i und α:

$$(n - 1)\Psi_{k\beta} = 0.$$

So ergibt sich für $n \geq 2$ unsere Behauptung.

Die Werte von ψ_i im Anfangspunkt (in dessen Umgebung das Koordinatensystem x_i definiert ist) mögen γ_i heißen; der Anfangspunkt selber sei durch $x_i = 0$ gegeben. Die Gleichungen (4) haben nur eine einzige Lösung ψ_i mit den Anfangswerten γ_i, und die projektiven Transformationen von der Gestalt (3) sind allgemein genug, um sich diese Lösung zu verschaffen. Das ist der springende Punkt des Beweises. Für das durch

$$x_i^* = \frac{x_i'}{1 - \sum_k{}' \gamma_k x_k'}$$

eingeführte Koordinatensystem x_i' ergibt sich nämlich

$$\psi_i' = \frac{\gamma_i}{1 - \sum_k{}' \gamma_k x_k'}.$$

Es ist also

$$\psi_i = \frac{\gamma_i}{1 - \sum_k{}' \gamma_k x_k}$$

(man überzeuge sich durch Einsetzen davon, daß die Gleichungen (4) erfüllt sind), und infolgedessen ist das durch die Transformationsformeln

$$x_i^{**} = \frac{x_i}{1 - \sum_k{}' \gamma_k x_k}$$

definierte Koordinatensystem ein affin-lineares unseres affinen Raums.

Ein solches geht aber, wie wir wissen, aus x_i^* durch eine lineare Transformation hervor; so kommt schließlich

$$x_i^* - a_i = \frac{\sum\limits_k a_{ik} x_k}{1 - \sum\limits_k \gamma_k x_k} \cdot$$

4. Auf die gleiche Art kann man beweisen, daß für $n \geqq 3$ *die Möbiusschen Kugelverwandtschaften die einzigen konformen Abbildungen des Euklidischen Raumes* sind. Wir verwenden im EUKLIDischen Raum ein normales Bezugssystem, in welchem

$$ds^2 = g_{ik}\,dx_i\,dx_k = E_q(dx) = -\,dx_1^2 - \cdots - dx_q^2 + dx_{q+1}^2 + \cdots + dx_n^2$$

ist und die lineare Fundamentalform $d\varphi$ verschwindet. Bei konformer Abbildung verwandelt sich dieses ds^2 in $\lambda \cdot E_q(dx)$, wo λ eine gewisse, nirgendwo verschwindende stetige Ortsfunktion ist. Durch Umeichen im Verhältnis $1 : \lambda$ bekommt man also

$$ds^2 = E_q(dx)\,, \qquad d\varphi = \varphi_i\,dx_i = \frac{d\lambda}{\lambda} \cdot$$

Setzt man

$$\Phi_{ik} = \frac{\partial \varphi_i}{\partial x_k} - \frac{1}{2}\,\varphi_i \varphi_k + \frac{1}{4}\,g_{ik}(\varphi_r \varphi^r)\,,$$

so liefert eine kurze Rechnung für die Wirbelkomponenten die Ausdrücke:

$$2\,F_{ik,\,\alpha\beta} = g_{ik}(\Phi_{\beta\alpha} - \Phi_{\alpha\beta}) + (g_{i\beta}\Phi_{k\alpha} - g_{i\alpha}\Phi_{k\beta} - g_{k\beta}\Phi_{i\alpha} + g_{k\alpha}\Phi_{i\beta})\,.$$

Sie müssen im EUKLIDischen Raum alle verschwinden. Durch Verjüngung nach i und k (d. h. dadurch, daß man zunächst den Index i nach oben zieht, darauf $i = k$ setzt und nach i summiert) erhält man

$$n(\Phi_{\beta\alpha} - \Phi_{\alpha\beta}) = 0\,;$$

durch Verjüngung nach i und α darauf, wenn $\Phi_i^i = \Phi$ gesetzt wird:

(5) $$(n - 2)\Phi_{k\beta} + g_{k\beta}\Phi = 0\,.$$

Abermalige Verjüngung nach k und β ergibt

$$2(n - 1)\Phi = 0\,, \qquad \Phi = 0\,.$$

Und darauf liefert (5): $$\Phi_{k\beta} = 0\,.$$

Die Fälle $n = 1$ und $n = 2$ sind dabei ausgeschlossen. Wir bekommen so für φ_i die Differentialgleichungen

(6) $$\frac{\partial \varphi_i}{\partial x_k} - \frac{1}{2}\,\varphi_i \varphi_k + \frac{1}{4}\,g_{ik}(\varphi_r \varphi^r) = 0\,.$$

Die φ_i mögen im Anfangspunkte die Werte α_i besitzen. Der springende Punkt ist nun wieder der, daß die Gleichungen (6) nur eine einzige Lösung mit den Anfangswerten α_i haben, und daß die MÖBIUSschen Kugelverwandtschaften allgemein genug sind, um diese Lösung herzustellen. Gehen wir nämlich vom normalen Koordinatensystem x_i^* durch die folgende Kugelverwandtschaft

$$(7) \qquad x_i^* = \frac{x^i + \alpha^i E_q(x)}{1 + 2(\alpha_r x^r) + (\alpha_r \alpha^r) E_q(x)}$$

zu neuen Koordinaten x^i über, so ergibt sich

$$E_q(dx^*) = \lambda \cdot E_q(dx) \text{ mit } \lambda = \frac{1}{u^2},$$

wenn der Nenner in (7) mit u bezeichnet wird. Folglich erhält man für dieses Koordinatensystem die Ausdrücke

$$-\frac{1}{4}\,\varphi_i = \frac{\alpha_i + (\alpha_r \alpha^r)\,x_i}{u}.$$

(x_i bedeutet hier $\sum_k g_{ik} x^k$. Als Anfangswerte der φ_i erscheinen nicht die Zahlen α_i, sondern $-4\alpha_i$; aber das kommt ja auf das gleiche hinaus. Man bestätige durch Einsetzen die Gleichungen (6), in denen der jetzigen Bezeichnung gemäß x^i an Stelle von x_i zu schreiben ist!)

Anhang 7. (Zu Seite 33.) Nachdem erkannt ist, daß es sich um eine λ-Kugel handelt, bleibt noch zu beweisen, daß die gegebene Gruppe der kongruenten Abbildungen, welche den Helmholtzschen Forderungen genügt, identisch ist mit der auf S. 25, 26 geschilderten Gruppe. Zu diesem Zweck hat man zu zeigen, daß die dort angegebenen Abbildungen die einzigen sind, welche die λ-Kugel kongruent, d. h. unter Erhaltung des metrischen Feldes auf sich selber abbilden. Dazu genügt es offenbar einzusehen, daß die linearen orthogonalen Transformationen der x_i die einzigen, *den Nullpunkt festlassenden* kongruenten Abbildungen der Kugel sind. Es sei also $(x_i) \rightarrow (x_i')$ eine Abbildung, welche die analytische Gestalt der metrischen Fundamentalform ungeändert läßt und den Nullpunkt ($x_i = 0$) in den Nullpunkt überführt. Dann sind sowohl die Größen

$$y_i = \frac{x_i}{x_0}\,[x_0^2 = 1 - \lambda(xx)] \text{ wie } y_i' = \frac{x_i'}{x_0'}\,[x_0'^2 = 1 - \lambda(x'x')]$$

projektive Koordinaten auf unserer Kugel, die ja ein projektiv-ebener Raum ist. Infolgedessen entspringt (nach Anhang 6) y_i' durch lineare Transformation aus

$$\frac{y_i}{1 - \sum_k \gamma_k y_k}$$

Im gegenwärtigen Fall sind aber die γ_i, die Anfangswerte der ψ_i, $= 0$ — nach Formel (2), Anhang 6, oder weil das eine wie das andere Koordinatensystem ein geodätisches ist für den Koordinatenursprung. Also gilt

$$y_i' = \sum_k a_{ik} y_k,$$

und da im Nullpunkt $(dy', dy') = (dy, dy)$

sein soll, sind a_{ik} die Koeffizienten einer orthogonalen Transformation. Kehren wir zu den Koordinaten x_i zurück, so haben wir die Beziehungen

$$x_i' = \tau \cdot \sum_k a_{ik} x_k \quad (i = 1, 2, \ldots, n), \quad x_0' = \tau x_0 \, .$$

Der Proportionalitätsfaktor τ bestimmt sich aus der Gleichung

zusammen mit
$$1 = x_0^2 + \lambda(x'x') = \tau^2 \{x_0^2 + \lambda(xx)\}$$
$$1 = x_0^2 + \lambda(xx):$$

$\tau^2 = 1$ und darum $\tau = 1$, da im Nullpunkt x_0 wie x_0' den Wert $+1$ und nicht -1 besitzen sollen.

Anhang 8. (Zu Seite 36.) *Dafür, daß r voneinander linear unabhängige, durch ihre Geschwindigkeitsfelder charakterisierte Operationen eine r-parametrige Gruppe erzeugen, sind die Lieschen Integrabilitätsbedingungen nicht nur notwendig, sondern auch hinreichend.* Dieses für die Theorie der kontinuierlichen Gruppen offenbar fundamentale Theorem ergibt sich aus dem in Anhang 3 bewiesenen allgemeinen Satz über die Lösung totaler Differentialgleichungen, welche ihren Integrabilitätsbedingungen genügen*).

Beginnen wir mit dem Fall einer einparametrigen Gruppe $(r = 1)$, welche aus der infinitesimalen Operation mit dem Geschwindigkeitsfeld

$$u^i = u^i(x_1 x_2 \ldots x_n)$$

entspringen soll! Die von einem Parameter s abhängige allgemeine Operation der Gruppe

$$(1) \qquad x_i = \varphi_i(x_1^0 x_2^0 \ldots x_n^0; s) \qquad (i = 1, 2, \ldots, n),$$

vermöge deren der willkürliche Punkt (x_i^0) in den Punkt (x_i) übergeht, ist so zu bestimmen, daß, wenn der Parameter s einen unendlich kleinen Zuwachs ds erfährt, jeder Punkt (x_i) die Verrückung

$$(2) \qquad dx_i = u^i(x_1 x_2 \ldots x_n) ds$$

erleidet. Hier könnte rechts an Stelle von ds auch ein anderer, vom Punkte (x_i) unabhängiger unendlich kleiner Proportionalitätsfaktor stehen, der zu ds in einem beliebig vorzugebenden Verhältnis $\lambda = \lambda(s)$ steht. Indem wir uns für die hier getroffene Wahl entscheiden, normieren wir den Parameter s, und zwar offenbar in solcher Weise, daß der Zustand s, in welchen unser bewegliches Medium durch die Operation (1) übergeführt ist, bei Hinzufügung der infinitesimalen Verrückung $dx_i = \varepsilon \cdot u^i(x)$ (ε ein inf. konstanter Faktor) übergeht in den Zustand $s + \varepsilon$. Bei der fortgesetzten Wiederholung dieser inf. Operation wächst der Parameter also jedesmal um ε; mit anderen Worten: er ist so normiert, daß er sich der Zusammensetzung der Gruppenoperationen gegenüber *additiv* verhält. Um das analytisch zu verifizieren, haben wir offenbar zunächst die Transformationsfunktionen φ_i mit Hilfe der Differentialgleichungen (2) oder

---

*) Außer der Darstellung bei LIE-ENGEL vgl. namentlich F. SCHUR, Zur Theorie der endlichen Transformationsgruppen, Math. Annalen **38** (1891), S. 263.

$$(3) \qquad \frac{dx_i}{ds} = u^i(x_1 x_2 \ldots x_n) \qquad (i = 1, 2, \ldots, n)$$

zu bestimmen; sie haben, wie wir wissen, eine einzige Lösung $x_i = \varphi_i(x^0; s)$ mit den willkürlichen Anfangswerten $x_i = x_i^0$. Die Zusammensetzungsgleichung

$$(4) \qquad \varphi_i(\varphi(x^0; s_0); s) = \varphi_i(x^0; s_0 + s)$$

ist damit garantiert für unendlich kleines s, und daraus folgt sie allgemein. Denn die linke Seite von (4) sowohl wie die rechte Seite genügen, mit x_i bezeichnet, den Gleichungen (3); da sie außerdem für $s = 0$ zusammenfallen, sind sie (nach dem Unitätssatz für Differentialgleichungen) überhaupt identisch. *Eine einparametrige Gruppe ist demnach stets kommutativ, und wir können den Parameter s so normieren, daß sich für $s = 0$ die Identität ergibt und die Zusammensetzung der Operationen s und s' zur Operation $s + s'$ führt.* Als Beispiel sei an die einparametrige Gruppe der Euklidischen Drehungen in der zweidimensionalen Ebene erinnert; der additive Parameter ist hier der Drehwinkel.

Wir gehen zu einer *zweiparametrigen* Gruppe über, die aus den beiden infinitesimalen Operationen mit den Geschwindigkeitsfeldern $u^i(x)$, $v^i(x)$ erzeugt werden soll. Durch Iteration der inf. Operation u^i, analytisch durch Integration der Gleichungen (3) unter den Anfangsbedingungen: $x_i = x_i^0$ für $s = 0$, erhalten wir die von einem Parameter s abhängige Operation (1). Unser durch Iteration des inf. Prozesses u^i bereits in den Zustand s deformiertes bewegliches Medium lassen wir jetzt diejenige kontinuierliche Bewegung erleiden, welche durch beständige Wiederholung des zweiten inf. Prozesses v erzeugt wird. Der in einem gewissen Augenblick t erreichte Zustand wird dabei, wenn wir den Parameter t wieder nach dem gleichen Prinzip wie vorhin normieren, durch Funktionen φ_i gegeben sein

$$(5) \qquad x_i = \varphi_i(x_1^0 x_2^0 \ldots x_n^0; st),$$

die identisch in (s und) t den Gleichungen genügen

$$(6) \qquad \frac{dx_i}{dt} = v^i(x_1 x_2 \ldots x_n)$$

und sich für $t = 0$ auf die vorhin bestimmten Werte $\varphi_i(x_1^0 x_2^0 \ldots x_n^0; s)$ reduzieren. Durch Integration der Gleichungen (3) berechnen wir die Funktionen (1) und darauf durch Integration von (6) die Funktionen (5) eindeutig. Die erhaltenen Transformationsfunktionen (5) erfüllen die Differentialgleichungen (6) identisch in s und t, die Differentialgleichungen (3) hingegen nur identisch in s für $t = 0$. Um sich zu überzeugen, daß eine Gruppe vorliegt, muß bewiesen werden, daß der Zustand (s, t) des Mediums in den Zustand $(s + ds, t + dt)$ übergeht durch eine inf. Verrückung, welche linear aus den Geschwindigkeitsfeldern u^i und v^i kombiniert ist. Für den Übergang $(s, t) \to (s, t + dt)$ ist diese Verrückung nach (6) gegeben durch $\quad dx_i = v^i(x)dt$.

Es gilt also, den Beweis noch zu führen für den Übergang

$$\mathfrak{U}_t : (s,\ t) \to (s + ds,\ t)\,.$$

Wir müssen dazu aus den Funktionen (5) die Ableitungen $\dfrac{\partial \varphi_i}{\partial s}$ bilden und in ihnen mit Hilfe von (5) die Größen $x_1^0 x_2^0 \ldots x_n^0$ durch $x_1 x_2 \ldots x_n$ ausdrücken. Das ist möglich; denn die Gleichungen (5) lassen sich in der Tat, solange wenigstens s und t noch hinreichend klein sind, eindeutig nach den x_i^0 auflösen. In diesem Sinne setzen wir

$$\frac{\partial \varphi_i}{\partial s} = \bar{u}^i(x_1 x_2 \ldots x_n;\ st)$$

und haben zu zeigen, daß $\bar{u}^i$ eine lineare Kombination von u^i und v^i ist mit Koeffizienten λ, μ, die unabhängig sind von den Koordinaten x_i:

$$(7) \qquad \bar{u}^i(x) = \lambda \cdot u^i(x) + \mu \cdot v^i(x)\,.$$

Da wir aber wissen, wie der Zustand $(s,\ t)$ in $(s,\ t + dt)$ übergeht, können wir die inf. Verrückung $\mathfrak{U}_{t+dt}$ aus $\mathfrak{U}_t$ berechnen:

$$\frac{\partial}{\partial t}\left(\frac{\partial \varphi_i}{\partial s}\right) = \left(\frac{\partial \bar{u}^i}{\partial x_k}\right)_{x=\varphi(x^0;\ st)} \cdot \frac{\partial \varphi_k}{\partial t} + \frac{\partial \bar{u}^i}{\partial t}$$

$$= \frac{\partial}{\partial s}\left(\frac{\partial \varphi_i}{\partial t}\right) = \frac{\partial v^i(\varphi(x^0;\ st))}{\partial s} = \left(\frac{\partial v^i}{\partial x_k}\right)_{x=\varphi(x^0;\ st)} \frac{\partial \varphi_k}{\partial s}\,.$$

Subtraktion liefert $\quad \dfrac{\partial \bar{u}^i}{\partial t} + \left(\dfrac{\partial \bar{u}^i}{\partial x_k} \cdot v^k - \dfrac{\partial v^i}{\partial x_k} \cdot \bar{u}^k\right) = 0$

identisch in $x_1 x_2 \ldots x_n;\ st$, oder

$$(8) \qquad \frac{\partial \bar{u}^i}{\partial t} + [\bar{u}v]^i = 0\,.$$

Für $t = 0$, wissen wir, ist $\bar{u}^i = u^i$ [Gleichung (3)]; die eben gewonnene Beziehung läßt erkennen, daß, wenn sich $\bar{u}^i$ für *einen* Parameterwert t in der Gestalt (7) ausdrücken läßt, das Gleiche auch für den Parameterwert $t + dt$ gilt; vorausgesetzt, daß das Geschwindigkeitsfeld $[uv]^i$ linear aus u^i und v^i zusammengesetzt ist. Diese Voraussetzung ist ja aber nichts anderes als die LIE'sche Integrabilitätsbedingung. Ist sie erfüllt und setzen wir

$$- [uv]^i = a \cdot u^i + b \cdot v^i,$$

wo a und b zwei numerische Konstante sind, so liefert der Ansatz (7) für die unbekannten Koeffizienten λ und μ, die noch von s und t abhängen dürfen, nach (8) die Differentialgleichungen

$$\frac{d\lambda}{dt} = a\lambda\,, \qquad \frac{d\mu}{dt} = b\lambda\,.$$

Diese haben eine Lösung mit den Anfangswerten $\lambda = 1$, $\mu = 0$ für $t = 0$ (nämlich

$$\lambda = e^{at}, \qquad \mu = bt \cdot E(at),$$

wo unter $E(x)$ die auch bei $x = 0$ regulär-analytische Funktion $\dfrac{ex - 1}{x}$ verstanden ist).

Definieren wir umgekehrt λ und μ durch diese Gleichungen, so muß

$$\bar{u}^i = \lambda u^i + \mu v^i$$

sein; denn linke und rechte Seite genügen beide derselben Differential-gleichung (8) und stimmen für $t = 0$ untereinander, nämlich mit u^i überein. Für den Übergang des beweglichen Mediums aus dem Zustand $(s\,t)$ in einen beliebigen unendlich benachbarten $(s + ds,\ t + dt)$ bekommen wir durch Zusammensetzung unserer Resultate:

$$dx_i = (\lambda u^i + \mu v^i)ds + v^i\, dt.$$

Diejenige inf. Verrückung

$$(9) \qquad dx_i = u^i(x) \cdot \delta s + v^i(x) \cdot \delta t,$$

welche den Übergang $(s\,t) \to (s + ds,\ t + dt)$ bewirkt, berechnet sich demnach aus der Formel

$$(10) \qquad \delta s = \lambda(t)ds, \qquad \delta t = \mu(t)ds + dt.$$

Wir sind damit imstande, eine beliebige Operation $(s,\ t)$ der Gruppe, Gleichung (5), zusammenzusetzen mit einer beliebigen infinitesimalen (9); sie führt zu der Operation $(s + ds,\ t + dt)$, wo ds und dt mit Hilfe der Gleichungen (10) aus δs und δt zu bestimmen sind. Eine aber-malige Integration würde uns die *endliche* Operation liefern, welche irgend zwei endlich voneinander entfernte Zustände $(s^0,\ t^0)$ und $(s,\ t)$ des Mediums ineinander überführt. Wir wollen diese letzte Integration aber erst in der allgemeinen Theorie der r-parametrigen Gruppe ausführen, der wir uns jetzt zuwenden.

Die obigen Überlegungen lassen sich mühelos von 2 auf 3 und mehr Parameter übertragen. Man erkennt aber nachträglich, daß sich der Beweis geschickter anordnen läßt (wenn dadurch die Gedankenfolge vielleicht auch einen weniger natürlichen Charakter erhält). Gegeben r voneinander linear unabhängige Geschwindigkeitsfelder

$$(11) \qquad v_1^i(x), \quad v_2^i(x), \quad \ldots, \quad v_r^i(x)$$

von solcher Art, daß sich das Klammerprodukt $[v_\alpha v_\beta]$ irgend zweier von ihnen linear aus ihnen selbst zusammensetzen läßt:

$$(12) \qquad [v_\alpha v_\beta]^i = \sum_{\gamma=1}^{r} c_{\alpha\beta}^{\gamma} v_\gamma^i \qquad (\alpha,\ \beta = 1,\ 2,\ \ldots,\ r;\ i = 1,\ 2,\ \ldots,\ n).$$

Die $c_{\alpha\beta}^{\gamma}$ sind von den Koordinaten unabhängige Konstante. Wir haben die Aufgabe, die Funktionen

$$(13) \qquad x_i = \varphi_i(x_1^0 x_2^0\ \ldots\ x_n^0;\ s_1 s_2\ \ldots\ s_r)$$

so zu bestimmen, daß sie sich für $s_1 = s_2 = \cdots = s_r = 0$ auf x_i^0 redu-zieren und identisch in x^0 und s Gleichungen von der Form genügen

$$(14) \qquad \frac{dx_i}{ds_\alpha} = u_\alpha^i(x;\, s) \equiv \sum_{\gamma=1}^{r} \lambda_\alpha^\gamma(s)\, v_\gamma^i(x),$$

in denen die λ nur von den s abhängen, im übrigen aber keinen Einschränkungen unterliegen. Die Integrabilitätsbedingungen dieser Gleichungen lauten

$$\left(\frac{\partial u_\alpha^i}{\partial s_\beta} - \frac{\partial u_\beta^i}{\partial s_\alpha}\right) + [u_\alpha u_\beta]^i = 0,$$

oder, wenn man die Ausdrücke für u einsetzt:

$$\sum_\gamma \left(\frac{\partial \lambda_\alpha^\gamma}{\partial s_\beta} - \frac{\partial \lambda_\beta^\gamma}{\partial s_\alpha}\right) v_\gamma^i(x) + \sum_{\varrho\sigma} \lambda_\alpha^\varrho \lambda_\beta^\sigma [v_\varrho v_\sigma]^i = 0,$$

oder endlich, indem man $[v_\varrho v_\sigma]^i$ nach (12) durch

$$\sum_\gamma c_{\varrho\sigma}^\gamma v_\gamma^i(x)$$

ersetzt:

$$(15) \qquad J_{\alpha\beta}: \quad \left(\frac{\partial \lambda_\alpha^\gamma}{\partial s_\beta} - \frac{\partial \lambda_\beta^\gamma}{\partial s_\alpha}\right) + \sum_{\varrho\sigma} c_{\varrho\sigma}^\gamma \lambda_\alpha^\varrho \lambda_\beta^\sigma = 0.$$

Man kann sich hierin erstens auf diejenigen $J_{\alpha\beta}$ beschränken, in denen der Index $\beta > \alpha$ ist, und es genügt zweitens, ein solches $J_{\alpha\beta}$ jeweils nur für die Argumente von der Form $(s_1 s_2 \ldots s_\beta\, 0 \ldots 0)$ zu postulieren (siehe die Schlußbemerkung von Anhang 3). Eine spezielle Lösung der so beschränkten Gleichungen $J_{\alpha\beta}$ erhalten wir, wenn wir die Parameter s durch die Forderungen normieren:

1. das System $\lambda_\alpha = (\lambda_\alpha^1,\ \lambda_\alpha^2,\ \ldots,\ \lambda_\alpha^r)$ hängt nur ab von den Argumenten $s_{\alpha+1},\ \ldots,\ s_r$, nicht von $s_1 s_2 \ldots s_\alpha$;

2. für $s_1 = s_2 = \ldots = s_r = 0$ reduziert sich das System aller λ_α^γ auf die Einheitsmatrix.

Jene Gleichungen lauten dann:

$$(16) \quad J_{\alpha\beta}: \frac{d\lambda_\alpha^\gamma}{ds_\beta} + \sum_\varrho c_{\varrho\beta}^\gamma \lambda_\alpha^\varrho = 0, \qquad \begin{array}{l} \text{gültig für die Argumente} \\ (s_{\alpha+1},\ \ldots,\ s_\beta,\ 0,\ \ldots,\ 0)\ \text{und die Indizes} \\ \beta = \alpha + 1,\ \ldots,\ r. \end{array}$$

Sie bestimmen, bei festem α, wenn man der Reihe nach $\beta = \alpha + 1,\ \ldots, r$ setzt und von

$$\lambda_\alpha^\gamma(0,\ 0,\ \ldots,\ 0) = \delta_\alpha^\gamma$$

ausgeht, sukzessive die Funktionssysteme

$$\lambda_\alpha(s_{\alpha+1},\ 0,\ 0,\ \ldots,\ 0);\ \ldots;\ \lambda_\alpha(s_{\alpha+1},\ \ldots,\ s_\beta,\ 0,\ \ldots,\ 0);\ \ldots;$$
$$\lambda_\alpha(s_{\alpha+1},\ \ldots,\ s_r),$$

indem ein Parameter nach dem andern variabel gemacht wird. Damit gewinnen wir das folgende Resultat:

Bestimmen wir die Funktionen $x_i = \varphi_i(x^0;\, s)$ mit Hilfe der Gleichungen

$$(17) \quad \frac{dx_i}{ds_\alpha} = v_\alpha^i(x),\ \textit{gültig für die Argumente } (s_1 s_2 \ldots s_\alpha\, 0 \ldots 0)\ \textit{und alle}$$
$$\textit{Indizes } \alpha = 1,\ 2,\ \ldots,\ r,$$

zusammen mit den Anfangsbedingungen $x_i = x_i^0$ für $s_1 = s_2 = \cdots = s_r = 0$,
so erfüllen sie, wenn die Funktionen $\lambda_\alpha^\gamma(s)$ so konstruiert werden, wie oben
angegeben, identisch in allen Argumenten s die Beziehungen

$$\frac{dx_i}{ds_\alpha} = \sum_{\gamma=1}^{r} \lambda_\alpha^\gamma(s)\, v_\gamma^i(x) \cdot$$

Unser Ziel ist erreicht: diejenige infinitesimale, aus den gegebenen Geschwindigkeitsfeldern v_α linear zu kombinierende Verrückung

$$(18) \qquad dx_i = v_1^i(x) \cdot \delta s_1 + v_2^i(x) \cdot \delta s_2 + \cdots + v_r^i(x) \cdot \delta s_r,$$

welche den Zustand $(s_1 s_2 \ldots s_r)$ des beweglichen Mediums in den unendlich benachbarten Zustand $(s_1 + ds_1,\ s_2 + ds_2,\ \ldots,\ s_r + ds_r)$ überführt, berechnet sich aus den linearen Gleichungen

$$(19) \qquad \delta s_\gamma = \sum_{\alpha=1}^{r} \lambda_\alpha^\gamma(s)\, ds_\alpha \cdot$$

Um daraus die Operation zu konstruieren, welche irgend zwei endlich entfernte Zustände des Mediums

$$(s_1^0 s_2^0 \ldots s_r^0) \text{ und } (s_1 s_2 \ldots s_r)$$

ineinander überführt, verfahren wir so. Die Parameter der gesuchten Operation mögen mit $\bar{s}_\alpha = \psi_\alpha(s^0;\ s)$ bezeichnet sein; dabei denken wir uns s_α^0 fest und die s_α variabel. Durch die Operation s^0 gehe der willkürliche Punkt x^0 in ^0x über. Dann sollen die Beziehungen gelten

$$(20) \qquad \varphi_i(x^0;\ s) = \varphi_i(^0x;\ \bar{s})\ \{= x_i\} \cdot$$

Die Relationen (19) sagen aus, daß zu diesem Ende s und $\bar{s}$ miteinander so variieren müssen, daß beständig die Gleichungen bestehen:

$$(21) \qquad \lambda_\alpha^\gamma(s)\, ds_\alpha = \lambda_\alpha^\gamma(\bar{s})\, d\bar{s}_\alpha\ \{= \delta s_\gamma\}$$

oder

$$(22) \qquad \lambda_\beta^\gamma(s) = \lambda_\alpha^\gamma(\bar{s}) \cdot \frac{\partial \psi_\alpha}{\partial s_\beta} \cdot$$

Haben wir umgekehrt die ψ so bestimmt, daß das der Fall ist und ψ_α sich für $s = s^0$ auf 0 reduziert, so bestehen die Gleichungen (20). Denn linke und rechte Seite derselben fallen alsdann zusammen für $s = s^0$, und es gelten für die Variation beider bei einer infinitesimalen Änderung der Parameter s die Gleichungen (18) oder

$$\frac{dx_i}{ds_\alpha} = u_\alpha^i(x_1 x_2 \ldots x_n;\ s_1 s_2 \ldots s_r) \cdot$$

Um die Differentialgleichungen für die Unbekannten ψ_α explizite hinschreiben zu können, müssen wir die zur Matrix $\lambda_\beta^\alpha(s)$ inverse $\mu_\beta^\alpha(s)$ einführen:

$$(23) \qquad \frac{\partial \psi_\alpha}{\partial s_\beta} = \sum_\gamma \mu_\gamma^\alpha(\psi) \cdot \lambda_\beta^\gamma(s) \cdot$$

Ihre Integration unter den Anfangsbedingungen $\psi_\alpha = 0$ für $s = s^0$ liefert die ψ_α und damit die endlichen Zusammensetzungsformeln unserer Gruppe.

Aus der Bestimmung der λ muß hervorgehen, daß die Integrabilitätsbedingungen der Gleichungen (23) erfüllt sind. Davon überzeugt man sich am bequemsten, wenn man die Differentialgleichungen in der Form (21) beläßt. Die Integrabilitätsbedingungen drücken dann folgendes aus: Sind ds_α, $d's_\alpha$ irgend zwei infinitesimale Änderungen der Parameter s_α, zu denen nach Gl. (21) Zuwächse $d\bar{s}_\alpha$, $d'\bar{s}_\alpha$ und Größen δs_α, $\delta's_\alpha$ gehören, so ändert sich die schiefsymmetrische Bilinearform

$$\Delta s_\gamma = \left(\frac{\delta \lambda_\beta^\gamma(s)}{\delta s_\alpha} - \frac{\delta \lambda_\alpha^\gamma(s)}{\delta s_\beta} \right) ds_\alpha d's_\beta .$$

nicht, wenn man s durch $\bar{s}$ ersetzt. Das ist aber zufolge der Relationen (15) in der Tat richtig; denn sie liefern den einfachen Ausdruck

$$\Delta s_\gamma = \sum_{\alpha\beta} c_{\alpha\beta}^\gamma \, \delta s_\alpha \, \delta's_\beta .$$

Die Δs_γ sind übrigens nichts anderes als die Parameter der aus den beiden infinitesimalen Operationen dx_i, $d'x_i$ mit den Parametern δs und $\delta's$ — vgl. Formel (18) — zusammengesetzten inf. Operation

$$\Delta x_i = (d'd - dd')x_i.$$

Damit ist nun auch rechnerisch der Zusammenhang zwischen der endlichen und der infinitesimalen Gruppe vollständig hergestellt. Unsere Normierung der Parameter hat zur Folge, wie die Integration der Gleichungen (16), (23) nach der Methode der sukzessiven Approximationen lehrt, daß die Funktionen $\lambda_\alpha^\gamma(s)$, $\psi_\alpha(s^0; s)$ analytisch von den Gruppenparametern s, bzw. von s^0 und s abhängen. Bei den λ handelt es sich sogar um Funktionen von ganz elementarem (Exponential)-Charakter, da die bestimmenden Differentialgleichungen konstante Koeffizienten besitzen.

Der Vollständigkeit halber seien noch einige Bemerkungen hinzugefügt über die *Konstitution* einer infinitesimalen Gruppe, ihre Zusammensetzung, welche durch das System der Zahlen $c_{\alpha\beta}^\gamma$ bestimmt ist. Diese sind schiefsymmetrisch in den Indizes α und β:

$$(24) \qquad c_{\beta\alpha}^\gamma = - c_{\alpha\beta}^\gamma,$$

genügen aber außerdem noch gewissen einschneidenden Relationen, welche aus der Identität

$$[v_\alpha[v_\beta v_\gamma]] + [v_\beta[v_\gamma v_\alpha]] + [v_\gamma[v_\alpha v_\beta]] = 0$$

entspringen; sie lauten

$$(25) \qquad \sum_\varrho (c_{\alpha\varrho}^\delta \, c_{\beta\gamma}^\varrho + c_{\beta\varrho}^\delta \, c_{\gamma\alpha}^\varrho + c_{\gamma\varrho}^\delta \, c_{\alpha\beta}^\varrho) = 0.$$

Als Basis der r-dimensionalen linearen Schar von Geschwindigkeitsfeldern, welche die Operationen unserer r-parametrigen inf. Gruppe darstellen, kann man irgend r voneinander linear unabhängige unter diesen

Geschwindigkeitsfeldern wählen. Das System der Zusammensetzungszahlen $c^{\gamma}_{\alpha\beta}$ hängt von der Wahl der Basis ab; es geht in ein »äquivalentes« System über, wenn man die zunächst angenommene Basis durch eine andere ersetzt. Die Aufstellung aller möglichen Zusammensetzungstypen, d. h. aller möglichen nichtäquivalenten Systeme von Zahlen $c^{\gamma}_{\alpha\beta}$, welche den Relationen (24) und (25) genügen, ist offenbar ein rein algebraisches Problem, das der *Theorie der höheren komplexen Zahlen* angehört.

Die durch das Zusammensetzungsschema vollständig beschriebene »abstrakte Gruppe« entsteht, wenn wir von der Natur der Geschwindigkeitsfelder, ihrem quantitativen Verlauf abstrahieren; sie gelten uns jetzt lediglich als Elemente, mit denen man gewisse Operationen ausführen kann: nämlich die *Addition*, die *Multiplikation mit einer Zahl* und die *Zusammensetzung*. Die ersten beiden Operationen genügen den gewöhnlichen Axiomen der Vektorrechnung (vgl. etwa Raum, Zeit, Materie § 2); unsere Elemente bilden demgemäß eine r-dimensionale lineare Mannigfaltigkeit. Die letzte, die Zusammensetzung, ist eine Art von Multiplikation; denn sie genügt dem distributiven Gesetz — sowohl in bezug auf den zweiten »Faktor«:

$$[u,\ v + w] = [uv] + [uw]; \quad [u,\ \lambda v] = \lambda[uv] \ (\lambda \text{ eine Zahl})$$

wie in bezug auf den ersten. An Stelle des für die gewöhnliche Multiplikation geltenden kommutativen und assoziativen Gesetzes

$$(vu) = (uv); \quad \big(u(vw)\big) = \big((uv)w\big)$$

treten hier aber die Gesetze ein:

$$[vu] = -[uv]; \quad [u[vw]] + [v[wu]] + [w[uv]] = 0.$$

Durch diese Betrachtungsweise trennt man zwei grundverschiedene Probleme voneinander: 1. die Aufstellung der abstrakten Gruppen*) und 2. die Realisierung einer gegebenen abstrakten Gruppe durch quantitativ bestimmte infinitesimale Operationen (insbesondere z. B. durch lineare Operationen, deren Geschwindigkeitskomponenten u^i lineare homogene Funktionen der Koordinaten $x_1 x_2 \ldots x_n$ sind).

Anhang 9. (Zu Seite 39.) Wir geben hier genauer die im Haupttext nur angedeuteten Rechnungen an, welche die in der 6. Vorlesung gezogenen gruppentheoretischen Schlüsse stützen.

1. (Seite 39.) Um die Zusammensetzung einer Operation

$$S: dx_i = \sum_k a_{ik} x_k + x_i(\alpha x)$$

mit einer gleich gebauten

$$S': \delta x_i = \sum d'_{ik} x_k + x_i(\alpha' x)$$

zu bestimmen, bilden wir

---

*) Dies Problem ist eingehend behandelt worden von KILLING (Math. Annalen 31, 33, 34, 36, 1888—1890) und E. CARTAN (Thèse, Paris, Nony, 1894).

$$\delta d x_i = \sum_r a_{ir}\,\delta x_r + \delta x_i(\alpha x) + x_i(\alpha\,\delta x)$$

$$= \left(\sum_{rk} a_{ir}\,a'_{rk}\,x_k + \sum_r a_{ir}\,x_r(\alpha' x) \right) + \left(\sum_r a'_{ir}\,x_r\,(\alpha x) + x_i(\alpha x)(\alpha' x) \right)$$

$$+ \left(x_i \sum_{rk} \alpha_r\,a'_{rk}\,x_k + x_i(\alpha x)(\alpha' x) \right).$$

Durch Vertauschung von d und δ geht von den sechs Termen auf der rechten Seite der 2. in den 3. über und umgekehrt; der 4. und 6. aber sind symmetrisch in d und δ. Durch nachfolgende Subtraktion erhält man also für $[SS']$ oder $\delta d x_i - d\delta x_i$ eine inf. Transformation von der gleichen Bauart wie S; an Stelle der Koeffizienten a_{ik}, α_k aber treten

$$(1) \qquad \sum_r (a_{ir}\,a'_{rk} - a'_{ir}\,a_{rk}), \qquad\qquad (2) \qquad \sum_r (\alpha_r\,a'_{rk} - \alpha'_r\,a_{rk}).$$

Wendet man das insbesondere an auf $\overline{S}^{(12)}$ und $\overline{S}^{(23)}$, so sieht man zunächst aus (1), daß $[\overline{S}^{(12)}, \overline{S}^{(23)}] = \overline{S}^{(13)}$ sein muß, und darauf liefert (2) insbesondere für $k = 1$:

$$\alpha_1^{(13)} = \alpha_2^{(23)},$$

und für $k = 2$:

$$\alpha_2^{(13)} = -\,\alpha_3^{(12)} - \alpha_1^{(23)} \quad \text{oder} \quad -\,\alpha_3^{(12)} = \alpha_2^{(13)} + \alpha_1^{(23)}.$$

2. (Seite 40.) Es sei E:

$$dx_i = b_i + \sum_k a_{ik}\,x_k + x_i(\alpha x),$$

außerdem $S^{(12)}$:

$$\delta x_1 = x_2,\ \delta x_2 = -\,x_1,\ \delta x_i = 0\ (\text{für } i \neq 1,\ 2).$$

Man berechnet

$$\delta d x_i = a_{ik}\,\delta x_k + \delta x_i(\alpha x) + x_i(\alpha,\ \delta x)$$

$$= a_{i1}x_2 - a_{i2}x_1 + \left\{ \begin{matrix} x_2 \\ -\,x_1 \\ 0 \end{matrix} \right\} (\alpha x) + x_i(\alpha_1 x_2 - \alpha_2 x_1).$$

Die drei Zeilen in der geschweiften Klammer beziehen sich der Reihe nach auf die Werte $i = 1$, 2 und alle übrigen. In umgekehrter Reihenfolge kommt

$$d\delta x_1 = dx_2 = b_2 + a_{2k}x_k + x_2(\alpha x),$$

$$d\delta x_2 = -\,dx_1 = -\,b_1 - a_{1k}x_k - x_1(\alpha x),$$

$$d\delta x_i = 0\ (\text{für } i \neq 1,\ 2).$$

Subtraktion liefert für $[E,\ S^{(12)}]$:

$$\delta d x_i - d\delta x_i = (a_{i1}x_2 - a_{i2}x_1) + x_i(\alpha_1 x_2 - \alpha_2 x_1) + \left\{ \begin{matrix} -\,b_2 - a_{2k}x_k \\ +\,b_1 + a_{1k}x_k \\ 0 \end{matrix} \right\}.$$

Diese Formel läßt sofort erkennen: daß $[E^{(1)}, S^{(12)}] = E^{(2)}$ ist, daß in der symmetrischen Matrix $a_{ik}^{(2)}$ der so gewonnenen Operation $E^{(2)}$ nur die ersten beiden Zeilen und Kolonnen vorkommen, und daß von den Koeffizienten $\alpha_k^{(2)}$ alle verschwinden außer den ersten beiden:

$$\alpha_1^{(2)} = -\,\alpha_2^{(1)}, \quad \alpha_2^{(2)} = \alpha_1^{(1)}.$$

Außerdem lesen wir die Gleichungen ab

$$a_{11}^{(2)} = -\,a_{12}^{(1)} - a_{21}^{(1)}, \quad a_{22}^{(2)} = a_{21}^{(1)} + a_{12}^{(1)}.$$

3. (Seite 42.) *Der Fall* $n = 2$. Hier lautet nach der Formel $[E^{(1)},\, S^{(12)}] = E^{(2)}$ die Matrix $a_{ik}^{(2)}$ so:

$$\left\|\begin{array}{cc} -\,(a_{12}^{(1)} + a_{21}^{(1)}), & +\,(a_{11}^{(1)} - a_{22}^{(1)}) \\ +\,(a_{11}^{(1)} - a_{22}^{(1)}), & +\,(a_{12}^{(1)} + a_{21}^{(1)}) \end{array}\right\|.$$

Daraus geht hervor, daß nicht bloß, wie sich nach unserer Normierung von selbst versteht, $a_{12}^{(2)} = a_{21}^{(2)}$ ist, sondern auch $a_{11}^{(2)} + a_{22}^{(2)} = 0$. Übertragen wir das auf die Matrix $a_{ik}^{(1)}$, so hat diese also die Gestalt

$$\left\|\begin{array}{cc} a, & b \\ b, & -a \end{array}\right\|, \quad \text{während die Matrix } \|\,a_{ik}^{(2)}\,\| = \left\|\begin{array}{cc} -\,2\,b, & 2\,a \\ 2\,a, & 2\,b \end{array}\right\| \text{ ist.}$$

Daraus ergibt sich nun nach der Formel

$$[E^{(2)},\, S^{(21)}] = E^{(1)}$$

wiederum für die Matrix $\|\,a_{ik}^{(1)}\,\|$ — das Resultat kann aus dem vorigen durch Vertauschung der Indizes 1 und 2 abgelesen werden —:

$$\left\|\begin{array}{cc} 4\,a, & 4\,b \\ 4\,b, & -\,4\,a \end{array}\right\|.$$

Die Gleichung

$$\left\|\begin{array}{cc} 4\,a, & 4\,b \\ 4\,b, & -\,4\,a \end{array}\right\| = \left\|\begin{array}{cc} a, & b \\ b, & -a \end{array}\right\|$$

zeigt aber, daß a und b beide $= 0$ sind. Demnach haben wir

$$E^{(1)}: \begin{array}{l} dx_1 = 1 + x_1(\alpha x_1 + \beta x_2) \\ dx_2 = \quad\;\; x_2(\alpha x_1 + \beta x_2) \end{array} \qquad E^{(2)}: \begin{array}{l} \delta x_1 = \quad\;\; x_1(\alpha x_2 - \beta x_1) \\ \delta x_2 = 1 + x_2(\alpha x_2 - \beta x_1). \end{array}$$

Daraus berechnen wir $[E^{(1)},\, E^{(2)}]$ und finden

$$\delta dx_1 - d\delta x_1 = 3\,\beta x_1 - \alpha x_2,$$
$$\delta dx_2 - d\delta x_2 = \alpha x_1 + 3\,\beta x_2.$$

Das ist eine inf. Transformation, welche den Nullpunkt fest läßt; sie muß also eine EUKLIDische Drehung, darum $\beta = 0$ sein. Schreiben wir noch c an Stelle von α, so sind wir bei den früher für $n \geqq 3$ abgeleiteten Resultaten angelangt.

Anhang 10. (Zu Seite 43.) Der eigentliche Sinn dieser Forderung ist der, daß es so etwas geben soll wie *Gestalt* eines Körpers unabhängig von seiner Größe, d. h. daß es zu einer Figur ähnliche gibt, welche ihr nicht kongruent oder spiegelbildlich gleich sind. Was hat man aber unter ähnlichen Figuren zu verstehen, was ist eine ähnliche Abbildung des HELMHOLTZschen Raumes? Die metrische Natur des HELMHOLTZschen Raumes ist gegeben durch die Gruppe der kongruenten Abbildungen. Zwei Koordinatensysteme x, x' sind gleichberechtigt, wenn der analytische Ausdruck dieser Gruppe in dem einen und dem andern Koordinatensystem der gleiche ist. Ordnet man jedem Punkte P denjenigen Punkt P' zu, der im System x' dieselben Koordinatenwerte besitzt wie P im Koordinatensystem x, so erhält man eine *ähnliche Abbildung*. Das ist der allgemeine Begriff der Ähnlichkeit; ähnliche Figuren sind also solche, die in allen ihren metrischen Eigenschaften übereinstimmen. Benutzen wir ein System von Normalkoordinaten x_i, in bezug auf welches die metrische Fundamentalform des HELMHOLTZschen Raumes die auf S. 25 angegebene Gestalt besitzt, so stellt eine Transformation der x_i offenbar dann und nur dann eine ähnliche Abbildung dar, wenn durch sie jene Form in ein konstantes Multiplum der gleichen Form übergeht. Da alle Punkte gleichberechtigt sind, genügt es, diejenigen ähnlichen Abbildungen zu bestimmen, welche den Punkt O fest lassen. Die gleiche Überlegung wie in Anhang 7 lehrt, daß eine solche sich in den Koordinaten x_i notwendig durch eine *homogene lineare Transformation* ausdrückt, welche die quadratische Einheitsform in ein Multiplum der Einheitsform überführt. Zu den orthogonalen Transformationen kommt also möglicherweise noch die Dilatation $x_i = c x'_i$ hinzu. Sie führt aber die metrische Fundamentalform der λ-Kugel nur dann in das c^2-fache dieser Form über, wenn $\lambda c^2 = \lambda$ ist. Für $\lambda \neq 0$ existieren demnach keine andern ähnlichen Abbildungen als die kongruenten und die spiegelbildlich kongruenten; nur im EUKLIDischen Falle $\lambda = 0$ besteht die Möglichkeit, geometrische Figuren in einem beliebigen Verhältnis zu dilatieren.

Anhang 11. (Zu Seite 52.) 1. Daß die durch eine Matrix v^i_k dargestellte infinitesimale lineare Abbildung des Vektorkörpers

$$d\xi^i = v^i_k \xi^k$$

die nicht-ausgeartete quadratische Form Q mit den symmetrischen Koeffizienten g_{ik} invariant läßt, drückt sich in der Gleichung aus:

$$d(g_{ik}\xi^i \xi^k) = 2\xi^i d\xi_i = 2 v_{ik} \xi^i \xi^k = 0, \text{ oder}$$

$$(1) \qquad v_{ik} + v_{ki} = 0.$$

v_{ik} ist dabei durch Herunterziehen des Index i aus v^i_k entstanden:

$$v_{ik} = g_{ij} v^j_k.$$

Aus (1) erkennt man sofort, daß die Parameterzahl der Gruppe $\mathfrak{g}_Q$ gleich $\dfrac{n(n-1)}{2}$ ist. Die Spur

$$v^i_i = g^{ik} v_{ki}$$

ergibt sich darum $= 0$, weil die Größen g^{ik} symmetrisch, die Größen v_{ki} nach (1) schiefsymmetrisch sind in dem Indexpaar ik. Eine zu $\mathfrak{g}_Q$ gehörige symmetrische Doppelmatrix besteht aus n, den Gleichungen (1) genügenden Matrizen $v^i_{k,1}$; $v^i_{k,2}$; ...; $v^i_{k,n}$, für welche

$$v^i_{k,r} = v^i_{r,k}, \text{ also auch } v_{ik,r} = v_{ir,k}$$

ist. Addiert man die drei Gleichungen

$$+ \ \Big|\ v_{ik,r} + v_{ki,r} = 0,$$
$$- \ \Big|\ v_{kr,i} + v_{rk,i} = 0,$$
$$+ \ \Big|\ v_{ri,k} + v_{ir,k} = 0,$$

mit den davor gesetzten Vorzeichen versehen, so ergibt sich unter Berücksichtigung der Symmetrie von $v_{ik,r}$ in den beiden hinteren Indizes:

$$2\,v_{ik,r} = 0.$$

Es ist das die gleiche Rechnung, mit Hilfe deren wir in der 2. Vorlesung nach CHRISTOFFEL aus H (8) eindeutig die Größen Γ bestimmten.

2. Einige Zeilen später verpflanzen wir unser Problem aus dem reellen ins komplexe Gebiet. Haben wir das entsprechende Theorem im komplexen Gebiete bewiesen, so bleibt hernach noch wieder die Rückkehr ins reelle zu vollziehen. Das komplexe Theorem lehrt, daß zu einer komplexen Gruppe $\mathfrak{g}$ eine komplexe quadratische Form Q gehört; um jene Rückkehr zu bewerkstelligen, müssen wir zeigen, daß Q reell angenommen werden kann, wenn $\mathfrak{g}$ reell ist. Spalten wir aber die Koeffizienten von Q in ihre Real- und Imaginärteile: $Q = Q_1 + iQ_2$, so lassen die infinitesimalen Transformationen von $\mathfrak{g}$, weil sie reell sind, sowohl Q_1 wie Q_2 einzeln invariant. Daraus folgt, da die invariant bleibende quadratische Form bis auf einen Proportionalitätsfaktor durch die infinitesimale Gruppe $\mathfrak{g}$ eindeutig bestimmt ist:

$$Q_1 = c_1 Q, \quad Q_2 = c_2 Q.$$

Die beiden Konstanten c_1 und c_2 erfüllen die Gleichung $c_1 + ic_2 = 1$. Darum ist wenigstens eine von ihnen $\neq 0$, und wir sehen, daß sich Q, durch Herausheben eines geeigneten von 0 verschiedenen konstanten Faktors c_1 oder c_2, in eine reelle Form (Q_1 oder Q_2) verwandelt.

Der Beweis dafür, daß Q durch $\mathfrak{g}_Q$ bis auf einen konstanten Faktor eindeutig bestimmt ist, läßt sich, ohne den Kreis der infinitesimalen Operationen zu verlassen, leicht so erbringen. Sei $\overline{Q}$ mit den Koeffizienten $\overline{g}_{ik}$ eine quadratische Form, die invariant bleibt bei den inf. Transformationen der Gruppe $\mathfrak{g}_Q$. Bezieht sich das Herauf- und Herunterziehen von Indizes auf die Form Q, so drückt sich dies durch die Gleichungen aus:

$$(2) \qquad \overline{g}^r_i\, v_{rk} + \overline{g}^r_k\, v_{ri} = 0,$$

die für jede schiefsymmetrische Matrix v_{ik} gültig sein müssen. Nimmt man zunächst $i = k$:

$$\sum_r \overline{g}^r_i\, v_{ri} = 0 \quad [\text{nicht über } i \text{ summieren!}],$$

so folgt daraus, da die n Zahlen $v_{1i}, v_{2i}, \ldots, v_{ni}$ beliebig gewählt werden können bis auf v_{ii}, welches $= 0$ ist, daß $\overline{g}_i^r = 0$ sein muß für $r \neq i$. Die Matrix $\overline{g}_i^k$ besteht also nur aus der Hauptdiagonale, deren Elemente wir mit $c_1, c_2, \ldots, c_n$ bezeichnen. (2) lautet jetzt

$$c_i v_{ik} + c_k v_{ki} = 0 \quad \text{oder} \quad (c_i - c_k) v_{ik} = 0;$$
$$[\text{weder über } i \text{ noch über } k \text{ summieren!}]$$

und daher kommt $c_i = c_k$ für $i \neq k$. Infolgedessen ist $c_i = c$ vom Index unabhängig und $\overline{g}_i^k$ gleich c mal der Einheitsmatrix, $\overline{g}_{ik}$ gleich c mal g_{ik}.

Anhang 12. (Zu Seite 61.) Ein erster Beweis wurde von mir in der Mathematischen Zeitschrift Bd. 12, 1922, S. 114 publiziert. Ich habe ihn in der seit Abhaltung der Vorlesungen in Barcelona und Madrid verflossenen Zeit ganz wesentlich vereinfachen können und gebe ihn hier in seiner neuen Gestalt. Ein ganz anderer Beweis ist von E. CARTAN angegeben worden (Comptes rendus Paris 175, 1922, S. 82); er stützt sich auf die umfassenden und tiefgehenden älteren Untersuchungen von CARTAN zur Theorie der kontinuierlichen Gruppen, in denen es ihm gelungen war, das Problem der Aufstellung aller abstrakten Gruppen (vgl. den Schluß von Anhang 8) und ihrer Realisierung durch inf. lineare Operationen weitgehend zu lösen*). Er braucht jetzt unter den damals von ihm aufgestellten Gruppen nur diejenigen herauszusuchen, welche meinen Forderungen genügen. Im Gegensatz zu dem CARTANschen Beweis nimmt der meinige nicht den Umweg über die Untersuchung der Konstitution abstrakter Gruppen. Er stützt sich auf die klassische, von WEIERSTRASS herrührende Theorie der einzelnen linearen Abbildung. Um eine gewisse Analogie hervortreten zu lassen, die später zur Sprache kommt, sollen Vektoren mit kleinen lateinischen, die Abbildungen oder Matrizen mit großen lateinischen, Zahlen aber mit griechischen Buchstaben bezeichnet werden.

Theorie der einzelnen Matrix.

Ein lineares Abbildungsgesetz A, das jedem Vektor x einen Vektor $dx = xA$ zuordnet, stellt sich in einem Koordinatensystem, das aus den n unabhängigen Vektoren $e_1 e_2 \ldots e_n$ besteht, in der Form dar:

$$de_i = \sum_k \alpha_{ki} e_k$$

und kann durch die Matrix A der Zahlen α_{ik} repräsentiert werden. Geht der Vektor mit den Komponenten ξ^i

$$x = \xi^1 e_1 + \xi^2 e_2 + \cdots + \xi^n e_n$$

durch die Abbildung über in den Vektor mit den Komponenten $d\xi^i$, so ist

---

*) Außer der oben zitierten Thèse von CARTAN kommen namentlich seine Arbeiten: Ann. Éc. Norm., 3ᵉ sér., 26 (1909); Bull. Soc. math. 41 (1913) und Journal de Math., 6ᵉ sér., 10 (1914) in Frage.

$$d\xi^i = \sum_k \alpha_{ik}\,\xi^k.$$

Die Aufgabe ist, durch geeignete Wahl des Koordinatensystems der Koeffizientenmatrix (α_{ik}) eine möglichst einfache Gestalt zu geben. Man sucht zu diesem Zweck zunächst einen Vektor x auf, dessen Bild dx ein Multiplum von x ist:

$$dx = \omega\,x.$$

Das liefert die Gleichungen

$$\omega\,\xi^i = \sum_k \alpha_{ik}\,\xi^k \quad\text{oder symbolisch:}\quad x(\omega E - A) = 0,$$

wenn E die Einheitsmatrix bedeutet. Damit diese linearen homogenen Gleichungen für die Komponenten ξ^i eine von 0 verschiedene Lösung besitzen, ist notwendig und hinreichend, daß die Determinante

$$\det(\omega E - A) = 0$$

wird. Die linke Seite dieser *charakteristischen Gleichung* $\varphi(\omega)$ ist ein Polynom n^{ten} Grades der Variablen ω; ihre Wurzeln heißen die *Eigenwerte* von A. Nicht bloß die Werte dieser Wurzeln, sondern auch ihre Vielfachheit haben eine von der Wahl des Koordinatensystems unabhängige Bedeutung: *das Polynom $\varphi(\omega)$ ist invariant mit der Abbildung A verknüpft.* Das werde zunächst mit Hilfe der Matrizenrechnung erwiesen.

Gehen wir durch die Transformation

$$T : \bar{e}_i = \sum_k \tau_{ki}\,e_k, \quad\text{symbolisch:}\quad (\bar{e}) = (e)\,T$$

zu einem neuen Koordinatensystem $\bar{e}_i$ über, so gilt

$$(d\bar{e}) = (de)\,T = (e)\,A\,T = (\bar{e})\,T^{-1}A\,T.$$

Die Matrix $\overline{A}$, welche im neuen Koordinatensystem unsere lineare Abbildung darstellt, lautet also

$$\overline{A} = T^{-1}A\,T.$$

Darum ist

$$T\overline{A} = A\,T, \quad T(\omega E - \overline{A}) = (\omega E - A)\,T,$$

und der Multiplikationssatz für Determinanten liefert:

$$\det T \cdot \det(\omega E - \overline{A}) = \det(\omega E - A) \cdot \det T.$$

Hebt man beiderseits den von 0 verschiedenen Faktor $\det T$ fort, so kommt, wie behauptet,

$$\det(\omega E - \overline{A}) = \det(\omega E - A).$$

Ist $\mathfrak{E}_p$ eine p-dimensionale lineare Mannigfaltigkeit von Vektoren, die etwa von den p unabhängigen Vektoren $e_1\,e_2\ldots e_p$ aufgespannt wird, so soll eine Vektorgleichung wie

$$x = y \;(e_1\,e_2\ldots e_p) \quad\text{oder}\quad x = y \;(\text{mod } \mathfrak{E}_p)$$

bedeuten, daß der Vektor $x - y$ sich aus $e_1\,e_2\ldots e_p$ linear zusammensetzt oder der Mannigfaltigkeit $\mathfrak{E}_p$ angehört. Betrachten wir zwei Vektoren als gleich, wenn sie mod $\mathfrak{E}_p$ einander gleich sind, so verwandelt sich der

n-dimensionale Vektorraum $\mathfrak{R}_n$ in einen $(n-p)$-dimensionalen $\mathfrak{R}_{n-p}$ »*durch Projektion nach* $\mathfrak{E}_p$«. Ist $\mathfrak{E}_p$ *invariant* gegenüber der Abbildung A, d. h. ist das Bild dx eines jeden zu $\mathfrak{E}_p$ gehörigen Vektors x in $\mathfrak{E}_p$ gelegen, so führt A je zwei Vektoren, welche mod $\mathfrak{E}_p$ einander gleich sind, wiederum in zwei miteinander mod $\mathfrak{E}_p$ übereinstimmende Vektoren über. Es definiert uns A also eine bestimmte Abbildung des Projektionsraumes $\mathfrak{R}_{n-p}$ auf sich selber, und außerdem natürlich eine Abbildung der invarianten Mannigfaltigkeit $\mathfrak{E}_p$ auf sich. In Komponenten stellt sich das so dar. Ergänzen wir $e_1\,e_2 \ldots e_p$ durch Hinzufügung von $q = n - p$ weiteren Vektoren $e_1^*\,e_2^* \ldots e_q^*$ zu einem vollständigen Koordinatensystem von $\mathfrak{R}_n$, so kann man $e_1^*\,e_2^* \ldots e_q^*$ als ein Koordinatensystem im $\mathfrak{R}_{n-p}$ verwenden, da jeder Vektor x sich mod $\mathfrak{E}_p$ als eine Kombination von ihnen darstellen läßt:

$$x = \xi_*^1\,e_1^* + \xi_*^2\,e_2^* + \cdots + \xi_*^q\,e_q^* \qquad (\mathrm{mod}\ e_1\,e_2 \ldots e_p).$$

Ist $\mathfrak{E}_p$ invariant, so hat in dem Koordinatensystem $e_1, \ldots, e_p,\ e_1^*, \ldots, e_q^*$ die Matrix A die folgende Gestalt:

$$
\begin{array}{|ccc|ccc|}
\hline
\alpha_{11} & \cdots & \alpha_{1p} & * & \cdots\cdots & * \\
\cdots & \cdots & \cdots & \cdots & \cdots & \cdots \\
\alpha_{p1} & \cdots & \alpha_{pp} & * & \cdots\cdots & * \\
\hline
 & & & \alpha_{11}^* & \cdots\cdots & \alpha_{1q}^* \\
 & & & \cdots & \cdots & \cdots \\
 & & & \cdots & \cdots & \cdots \\
 & & & \alpha_{q1}^* & \cdots\cdots & \alpha_{qq}^* \\
\hline
\end{array}
$$

(Der Stern, $*$, dient uns hier wie immer zur Kennzeichnung von Zahlen im Matrixschema, welche nicht benannt zu werden brauchen; leere Felder soll man sich stets durch eine o ausgefüllt denken.) Die Abbildung A von $\mathfrak{E}_p$ ist dann gegeben durch die Gleichungen

$$de_i = \sum_{k=1}^{p} \alpha_{ki}\,e_k \qquad [i = 1,\, 2,\, \ldots,\, p],$$

die Abbildung A des Projektionsraumes $\mathfrak{R}_{n-p}$ durch:

$$(1) \qquad de_j^* = \sum_{h=1}^{q} \alpha_{hj}^*\,e_h^* \quad (\mathrm{mod}\ e_1\,e_2 \ldots e_p)\ [j = 1,\, 2,\, \ldots,\, q].$$

Bedeutet $\varphi_n(\omega)$ das zur Abbildung A gehörige charakteristische Polynom von $\mathfrak{R}_n$, $\varphi_p(\omega)$ dasjenige von $\mathfrak{E}_p$, $\varphi_q^*(\omega)$ das zur Abbildung (1) von $\mathfrak{R}_q$ gehörige charakteristische Polynom, so geht aus dem hingeschriebenen Matrixschema von A oder vielmehr dem von $\omega E - A$ ohne weiteres hervor, daß

$$(2) \qquad \varphi_n(\omega) = \varphi_p(\omega) \cdot \varphi_q^*(\omega)$$

ist.

Es seien $\mathfrak{E}_1$, $\mathfrak{E}_2$, ... mehrere unabhängige lineare Vektormannigfaltigkeiten in $\mathfrak{R}_n$, die zusammen ganz $\mathfrak{R}_n$ aufspannen (die Indizes dienen jetzt nur zur Unterscheidung der Mannigfaltigkeiten, nicht zur Kennzeichnung ihrer Dimensionszahl); d. h. jeder Vektor x lasse sich auf eine und nur eine Weise als eine Summe von Vektoren darstellen

$$(3) \qquad x = x_1 + x_2 + \cdots,$$

so daß x_1 zu $\mathfrak{E}_1$ gehört, x_2 zu $\mathfrak{E}_2$, ... Die Summe der Dimensionszahlen r_1, r_2, ... von $\mathfrak{E}_1$, $\mathfrak{E}_2$, ... ist dann $= n$; wählt man r_1 unabhängige Vektoren in $\mathfrak{E}_1$, darauf r_2 unabhängige Vektoren in $\mathfrak{E}_2$ usf., so bilden alle diese zusammen ein Koordinatensystem für $\mathfrak{R}_n$. Sind die Mannigfaltigkeiten $\mathfrak{E}_1$, $\mathfrak{E}_2$, ... invariant gegenüber der Abbildung A, so zerfällt die Matrix A bei Verwendung des erwähnten Koordinatensystems in lauter Quadrate je von der Seitenlänge r_1, r_2, ..., die sich längs der Hauptdiagonale aneinanderreihen, während alle übrigen Felder leer sind. Bezeichnen also $\varphi_1(\omega)$, $\varphi_2(\omega)$, ... die charakteristischen Polynome der durch A bewirkten Abbildungen von $\mathfrak{E}_1$ in sich, von $\mathfrak{E}_2$ in sich, ..., so ist das charakteristische Polynom $\varphi(\omega)$ der Abbildung A von $\mathfrak{R}_n$ gleich ihrem Produkt:

$$\varphi(\omega) = \varphi_1(\omega) \cdot \varphi_2(\omega) \cdots$$

Statt von den Mannigfaltigkeiten $\mathfrak{E}_1$, $\mathfrak{E}_2$, ... auszugehen und aus den ihnen entnommenen Vektoren x_1, x_2, ... den allgemeinsten Vektor x von $\mathfrak{R}_n$ zusammenzusetzen, kann man auch umgekehrt von dem willkürlichen Vektor x ausgehen und ihn in seine Bestandteile x_1, x_2, ... *zerlegen*. Eine *(lineare) Zerlegung* ist zu beschreiben als ein Gesetz, das in linearer Weise jedem Vektor x eine bestimmte Anzahl von Vektoren x_1, x_2, ... so zuordnet, daß die Gleichung (3) besteht. Die Linearität drückt sich in den Formeln aus:

$$(x + y)_1 = x_1 + y_1, \quad (\lambda x)_1 = \lambda x_1$$

(ebenso für den zweiten und die anderen Bestandteile). Es ist eine *Zerlegung in unabhängige Teile*, wenn folgendes gilt: Ist $x_1^{(1)}$ der erste Bestandteil irgendeines Vektors $x^{(1)}$, $x_2^{(2)}$ der zweite Bestandteil eines Vektors $x^{(2)}$, ..., so existiert auch ein einziger Vektor x, dessen erster Bestandteil $x_1 = x_1^{(1)}$ ist, dessen zweiter Bestandteil $x_2 = x_2^{(2)}$ ist usf. Die Zerlegung ist *invariant* gegenüber der Abbildung A, wenn

$$d(x_1) = (dx)_1, \quad d(x_2) = (dx)_2, \quad \ldots$$

gilt.

Endlich verabreden wir noch eine bequeme Symbolik. Die Abbildung A kann iteriert werden; wir erhalten so

$$dx = xA, \quad d(dx) = (xA)A \quad \text{oder} \quad d^2x = xA^2, \quad d^3x = xA^3, \quad \text{usw.}$$

Ist

$$f(\omega) = \gamma_0 + \gamma_1 \omega + \cdots + \gamma_m \omega^m$$

ein Polynom der Variablen ω, so schreiben wir für

$$\gamma_0 x + \gamma_1 dx + \gamma_2 d^2 x + \cdots + \gamma_m d^m x$$

in gekürzter Form $f(d)x$. $f(d)$ ist also wie d das Symbol für eine lineare Abbildung.

Nach diesen Vorbereitungen können wir die Konstruktion der Normalform von A wieder aufnehmen. Es sei α ein $r$facher Eigenwert, eine $r$fache Wurzel des charakteristischen Polynoms $\varphi(\omega)$. Es existiert dann zunächst ein Vektor $e_1 \neq 0$, für welchen

$$de_1 = \alpha \cdot e_1$$

ist; d. h. die eindimensionale Mannigfaltigkeit der Multipla von e_1 ist invariant gegenüber A. Ist $\varphi_1(\omega)$ das charakteristische Polynom des durch Projektion nach e_1 entstehenden Projektionsraumes $\Re_{n-1}$, so gilt nach (2):

$$\varphi(\omega) = (\omega - \alpha) \cdot \varphi_1(\omega).$$

Ist $r \geqq 2$, so ist also α auch noch eine Wurzel von $\varphi_1(\omega)$, und infolgedessen existiert ein Vektor e_2, welcher $\neq 0$ ist $(\bmod\, e_1)$, d. h. der von e_1 unabhängig ist, und für welchen die Gleichung gilt

$$de_2 = \alpha \cdot e_2 \quad (\bmod\, e_1).$$

Ist r sogar $\geqq 3$, so findet man, auf die gleiche Weise fortfahrend, einen von e_1, e_2 unabhängigen Vektor e_3, für welchen

$$de_3 = \alpha \cdot e_3 \quad (\bmod\, e_1,\, e_2)$$

ist; usw. Wir erhalten so r voneinander unabhängige Vektoren $e_1, e_2, \ldots, e_r$ und damit eine r-dimensionale lineare, zum Eigenwert α gehörige Mannigfaltigkeit $\mathfrak{E}$. Sie ist invariant gegenüber der Abbildung A, und für jeden zu $\mathfrak{E}$ gehörigen Vektor x gilt offenbar die Gleichung

$$(d - \alpha)^r x = 0.$$

Die $r$reihige Matrix der Abbildung A von $\mathfrak{E}$ in sich hat, wenn wir $e_1 e_2 \ldots e_r$ als Koordinatensystem in $\mathfrak{E}$ benutzen, »rekursive« Gestalt: die Felder links von der Hauptdiagonale sind mit Nullen besetzt. Die Felder in der Hauptdiagonale sind alle durch dieselbe Zahl α ausgefüllt; das charakteristische Polynom der Abbildung von $\mathfrak{E}$ lautet also einfach $(\omega - \alpha)^r$.

Zerlegen wir $\varphi(\omega)$ in die Potenzen der *verschiedenen* Linearfaktoren

$$(4) \qquad \varphi(\omega) = (\omega - \alpha_1)^{r_1} \cdot (\omega - \alpha_2)^{r_2} \cdots,$$

so erhalten wir durch diese Konstruktion zugehörige invariante Vektormannigfaltigkeiten $\mathfrak{E}_1, \mathfrak{E}_2, \ldots$ von r_1, bzw. $r_2, \ldots$ Dimensionen. Ihre charakteristischen Polynome sind die Faktoren von $\varphi(\omega)$:

$$(5) \qquad (\omega - \alpha_1)^{r_1}, \ (\omega - \alpha_2)^{r_2}, \ \ldots.$$

Die zu $\mathfrak{E}_1$, bzw. $\mathfrak{E}_2, \ldots$ gehörigen Vektoren $x_1, x_2, \ldots$ genügen den Identitäten

$$(d - \alpha_1)^{r_1} x_1 = 0, \ (d - \alpha_2)^{r_2} x_2 = 0, \ \ldots.$$

Wir haben noch zu beweisen, daß die Mannigfaltigkeiten $\mathfrak{E}_1, \mathfrak{E}_2, \ldots$ voneinander unabhängig sind; d. h. daß eine Summe von Vektoren

$x_1 + x_2 + \cdots$, in welcher der erste Summand x_1 zu $\mathfrak{E}_1$ gehört, der zweite x_2 zu $\mathfrak{E}_2$ usf., nur verschwinden kann, wenn die einzelnen Summanden verschwinden. Dann folgt, weil die Summe der Dimensionszahlen $r_1 + r_2 + \cdots$ gleich n ist, daß jeder Vektor sich auf eine und nur eine Weise als eine Summe solcher zu $\mathfrak{E}_1$, $\mathfrak{E}_2$, $\ldots$ gehöriger Vektoren darstellen läßt; wir haben eine Zerspaltung in unabhängige invariante Bestandteile, welche der Zerfällung (4) der charakteristischen Gleichung parallel läuft.

Entsprechend der Faktorenzerfällung (4) nehmen wir die Partialbruchzerlegung vor:

$$\frac{1}{\varphi(\omega)} = \frac{g_1(\omega)}{(\omega - \alpha_1)^{r_1}} + \frac{g_2(\omega)}{(\omega - \alpha_2)^{r_2}} + \cdots;$$

g_1, g_2, $\ldots$ sind Polynome bzw. vom Maximalgrad $r_1 - 1$, $r_2 - 1$, $\ldots$ Setzen wir

$$f_1(\omega) = g_1(\omega) \cdot \frac{\varphi(\omega)}{(\omega - \alpha_1)^{r_1}}, \quad f_2(\omega) = g_2(\omega) \cdot \frac{\varphi(\omega)}{(\omega - \alpha_2)^{r_2}}, \quad \ldots,$$

so ist demnach

$$(6) \qquad f_1(\omega) + f_2(\omega) + \cdots = 1.$$

Da $f_2(\omega)$, $f_3(\omega)$, $\ldots$ alle den Faktor $(\omega - \alpha_1)^{r_1}$ enthalten, ist offenbar

$$f_\mu(d)x_1 = 0 \quad \text{für} \quad \mu = 2, 3, \cdots.$$

Wegen (6) ist infolgedessen noch

$$f_1(d)x_1 = x_1.$$

Wir haben demnach allgemein

$$(7) \qquad f_\mu(d)x_\nu = \begin{cases} 0 & (\mu \neq \nu) \\ x_\nu & (\mu = \nu) \end{cases}.$$

Besteht nun eine Relation

$$x_1 + x_2 + \cdots = 0,$$

so ergibt sich durch Anwendung der Operation $f_1(d)$ auf diese Gleichung nach (7):

$$x_1 = 0; \quad \text{analog} \quad x_2 = 0, \cdots.$$

Das ist das gewünschte Ergebnis. Wir können diese Methode auch dazu verwenden, um für den willkürlichen Vektor x die Zerlegung in Summanden x_1, x_2, $\ldots$, welche bzw. zu $\mathfrak{E}_1$, $\mathfrak{E}_2$, $\ldots$ gehören,

$$(8) \qquad x = x_1 + x_2 + \cdots$$

auszuführen. Denn indem man wiederum auf diese Gleichung die Operation $f_1(d)$ anwendet, bekommt man sofort

$$(9) \qquad x_1 = f_1(d)x; \quad \text{ebenso} \quad x_2 = f_2(d)x, \cdots.$$

Es ist bemerkenswert, daß wir die Teilvektoren x_1, x_2, $\ldots$ aus x durch Iteration der Abbildung A und lineare Kombination gewinnen können. Endlich zeigt diese Überlegung noch, daß wir die Mannigfaltigkeit $\mathfrak{E}_1$ unabhängig von ihrer Konstruktion dadurch charakterisieren können, daß die zu ihr gehörigen Vektoren x der Gleichung

$$(d - \alpha_1)^{r_1} x = 0$$

genügen. Denn für einen Vektor x, welcher diese Gleichung befriedigt, gilt

$$f_\mu(d) x = 0 \quad (\mu = 2, 3, \ldots) \quad \text{und daher} \quad f_1(d) x = x.$$

Nehmen wir also unsere Zerlegung (8) vor und wenden auf linke und rechte Seite die Operation $f_1(d)$ an, so kommt $x = x_1$. Die gewonnenen Ergebnisse fassen wir zusammen in dem folgenden grundlegenden

Theorem. Der Zerfällung des charakteristischen Polynoms $\varphi(\omega)$ in die Potenzen seiner verschiedenen Linearfaktoren

$$(\omega - \alpha_1)^{r_1}, \quad (\omega - \alpha_2)^{r_2}, \quad \ldots$$

entspricht eine additive lineare Zerlegung des willkürlichen Vektors x in ebensoviele unabhängige, gegenüber der Abbildung A invariante Bestandteile:

$$x = x_1 + x_2 + \cdots,$$

welche den Gleichungen genügen

$$(10) \qquad (d - \alpha_1)^{r_1} x_1 = 0, \quad (d - \alpha_2)^{r_2} x_2 = 0, \quad \ldots.$$

x_1 durchläuft, wenn x frei variiert, eine r_1-dimensionale invariante Mannigfaltigkeit $\mathfrak{E}_1$, deren charakteristisches Polynom der korrespondierende Faktor $(\omega - \alpha_1)^{r_1}$ ist; Analoges gilt für $\mathfrak{E}_2$, $\ldots$.

Da $\varphi(\omega)$ die sämtlichen Faktoren (5) enthält, folgt aus (10) für jeden Vektor x die Gleichung

$$(11) \qquad\qquad\qquad \varphi(d) x = 0.$$

Man kann diese Tatsache auch rein formal, ganz unabhängig von der eben entwickelten Theorie, leicht einsehen. Wir könnten dann, ohne wie hier in rekursiver Weise aus linearen Gleichungen mit verschwindender Determinante die Vektoren e_1, e_2, $\ldots$ zu konstruieren, die gewünschte Zerlegung direkt durch (9) *definieren*. Es ist klar, daß es sich dabei um ein *lineares* Zerlegungsgesetz handelt. Außerdem folgt aus (11) sofort

$$(d - \alpha_1)^{r_1} x_1 = 0, \quad (d - \alpha_2)^{r_2} x_2 = 0, \quad \ldots.$$

Die Unabhängigkeit der Bestandteile ergibt sich nun, wenn wir mit den gleichen Bezeichnungen wie bei der Erklärung dieses Begriffs auf S. 91 den Vektor bilden

$$x = x_1^{(1)} + x_2^{(2)} + \cdots;$$

dann ist in der Tat, da

$$f_1(d) x_1^{(1)} = x_1^{(1)}, \quad f_1(d) x_2^{(2)} = 0, \quad \ldots$$

gilt:

$$f_1(d) x = x_1^{(1)}; \quad \text{ebenso} \quad f_2(d) x = x_2^{(2)}, \quad \ldots.$$

Die Invarianz gegenüber A: $(dx)_1 = d(x_1)$, $\ldots$ folgt unmittelbar aus der Definition. Was man auf diesem Wege aber nicht ohne weiteres erkennt, ist die Tatsache, daß x_1 eine r_1-dimensionale Mannigfaltigkeit durchläuft, deren charakteristische Gleichung genau der Faktor $(\omega - \alpha_1)^{r_1}$ von $\varphi(\omega)$ ist.

Eine von der vorherigen Kenntnis der charakteristischen Gleichung und der in ihr vorkommenden Multiplizitäten unabhängige Kennzeichnung der Mannigfaltigkeiten $\mathfrak{E}_1$, $\mathfrak{E}_2$, ... gewinnt man, wenn man in (10) den Exponenten r_1, bzw. r_2, ... durch n ersetzt.

Zusatz: Ist α nicht Wurzel des Polynoms $\varphi(\omega)$, so gibt es keinen Vektor x außer o, welcher der Gleichung

$$(d - \alpha)^n x = \mathsf{o}$$

genügt; ist jedoch $\alpha = \alpha_1$ eine r_1-fache Wurzel, so bilden die ihr genügenden Vektoren x die zu dieser Wurzel gehörige r_1-dimensionale Mannigfaltigkeit $\mathfrak{E}_1$.

Der Beweis verläuft etwa so. Ist erstens α keine Wurzel von $\varphi(\omega)$, so sind $(\omega - \alpha)^n$ und $\varphi(\omega)$ zueinander prime Polynome, und wir können zwei Polynome $g(\omega)$ und $g^*(\omega)$ finden derart, daß die Summe von

$$f(\omega) = g(\omega) \cdot \varphi(\omega) \quad \text{und} \quad f^*(\omega) = g^*(\omega) \cdot (\omega - \alpha)^n$$

gleich 1 wird. Wegen (11) und der Voraussetzung gilt

$$f(d)x = \mathsf{o}, \quad f^*(d)x = \mathsf{o}.$$

Durch Addition ergibt sich daraus $x = \mathsf{o}$. — Handelt es sich zweitens um die Wurzel $\alpha = \alpha_1$, so ist $(\omega - \alpha_1)^n$ prim zu $\dfrac{\varphi(\omega)}{(\omega - \alpha_1)^{r_1}}$, und wir können wiederum zwei Polynome $g(\omega)$, $g^*(\omega)$ so finden, daß die Summe von

$$f(\omega) = g(\omega) \cdot \frac{\varphi(\omega)}{(\omega - \alpha_1)^{r_1}} \quad \text{und} \quad f^*(\omega) = g^*(\omega) \cdot (\omega - \alpha_1)^n$$

gleich 1 wird. Dann kommt infolge der Voraussetzung

$$x = f(d)x + f^*(d)x = f(d)x,$$

und durch Anwendung der Operation $f(d)$ auf die Zerlegung (8):

Andererseits ist auch $\qquad f(d)x = f(d)x_1.$

$$x_1 = f(d)x_1 + f^*(d)x_1 = f(d)x_1,$$

und so ergibt sich die Behauptung $x = x_1$.

Bevor wir die Konstruktion der Normalform von A zu Ende führen, schieben wir hier mit Rücksicht auf die Theorie der infinitesimalen Gruppen die folgenden Betrachtungen ein. Die Zusammensetzung einer willkürlichen Matrix X mit A, welche zu

$$DX = [AX]$$

führt, ist eine mit der n-dimensionalen Abbildung d verknüpfte lineare Abbildung D im n^2-dimensionalen Gebiet der Mannigfaltigkeit aller Matrizen. Es ist wichtig, den Zusammenhang zwischen diesen beiden linearen Abbildungen genauer zu durchschauen. Man kommt zu folgendem Resultat: *Die sämtlichen Eigenwerte λ der Abbildung D werden gewonnen, alle in ihrer richtigen Multiplizität, wenn man in der Formel*

$$(12) \qquad\qquad \lambda = \alpha' - \alpha$$

α *und* α' *unabhängig voneinander die sämtlichen* n *Eigenwerte von* d *durchlaufen läßt.* (Insbesondere ist $\lambda = 0$ ein mindestens n-facher Eigenwert von D.) Das charakteristische Polynom $\Phi(\omega)$ von D kann also aus $\varphi(\omega)$ rational berechnet werden: $\Phi(\omega) = 0$ ist die zu der Gleichung $\varphi(\omega) = 0$ gehörige Differenzengleichung. Es werde hier (anders als im Haupttext) $n^2 = N$ gesetzt. Sind die unter den Differenzen (12) überhaupt auftretenden verschiedenen Zahlen λ', λ'', ... und ergibt sich dabei λ' genau R'mal, λ'' aber R''mal, usf., so ist

$$\Phi(\omega) = (\omega - \lambda')^{R'}(\omega - \lambda'')^{R''} \cdots.$$

Das Koordinatensystem sei so gewählt, daß die ersten r_1 Koordinatenvektoren zu $\mathfrak{E}_1$ gehören, die nächsten r_2 zu $\mathfrak{E}_2$ usw. Dieser Zerlegung der Reihe e_1, e_2 ... e_n in einzelne Abschnitte von der Länge r_μ entspricht eine Zerlegung der willkürlichen Matrix X in einzelne rechteckige Parzellen $X_{\mu\nu}$ von der Größe $r_\mu \times r_\nu$. In der Matrix A sind insbesondere nur die quadratischen »Hauptparzellen« besetzt, die sich längs der Hauptdiagonale aneinanderreihen, $A_{\mu\mu} = A_\mu$, während die Nebenparzellen $A_{\mu\nu}(\mu \neq \nu)$ leer sind. Die Zerlegung

$$X = \Sigma X_{\mu\nu}$$

ist eine lineare Zerlegung der Matrix X in unabhängige Bestandteile, welche gegenüber der Abbildung D invariant ist. Es entsteht z. B. aus einer Matrix X_{12}, die leer ist außer in der Parzelle $(1, 2)$, wiederum eine derartige Matrix, nämlich

Setzt man
$$D X_{12} = A_1 X_{12} - X_{12} A_2 .$$

$$\alpha_1 - \alpha_2 = \lambda, \quad A_1 - \alpha_1 E_1 = \overline{A_1}, \quad A_2 - \alpha_2 E_2 = \overline{A_2},$$
so ist demnach
$$(D - \lambda) X_{12} = \overline{A_1} X_{12} - X_{12} \overline{A_2} .$$

Iteriert man den Prozeß $D - \lambda$ irgendeine Anzahl von Malen, so ergibt sich für $(D - \lambda)^m X_{12}$ eine Summe von Termen der Gestalt

$$\overline{A_1^p} X_{12} \overline{A_2^q} \quad (p + q = m).$$

Da nun
$$\overline{A_1^{r_1}} = 0, \quad \overline{A_2^{r_2}} = 0$$
gilt, ist danach klar, daß
$$(D - \lambda)^m X_{12} = 0$$

wird, sobald der Exponent $m \geqq r_1 + r_2 - 1$ geworden ist.

Jede Parzelle $X_{\mu\nu}$ gehört zu einem bestimmten $\lambda = \alpha_\mu - \alpha_\nu$. Alle Parzellen, denen dasselbe λ korrespondiert, fassen wir zu einem »Land« zusammen mit dem Multiplikator λ (vgl. den Haupttext). Gehört die Parzelle X_{12} zum Lande λ und ist die Anzahl der Felder, aus denen das Land λ besteht, $= R$, so ist offenbar

$$(r_1 - 1)(r_2 - 1) \geqq 0, \quad \text{darum} \quad r_1 + r_2 - 1 \leqq r_1 r_2 \leqq R.$$

Bei der Zerlegung nach Ländern

ist also
$$X = X' + X'' + \cdots$$

$$(13) \qquad (D - \lambda')^{R'} X' = 0, \quad (D - \lambda'')^{R''} X'' = 0, \ldots$$

Die lineare Mannigfaltigkeit der Matrizen X' hat R' Dimensionen, diejenige der X'' ist R''-dimensional, usw. In den Beziehungen (13) können wir a fortiori die Exponenten R', R'', ... durch N ersetzen. Aus dem allen geht mit Rücksicht auf das Haupttheorem und seinen Zusatz die Richtigkeit der aufgestellten Behauptung hervor, und wir sehen, daß die Einteilung in *Länder* für die Abbildung D jene Zerlegung darstellt, deren Möglichkeit allgemein in unserm Haupttheorem ausgesprochen wurde. Machen wir die Partialbruchzerlegung von $\dfrac{1}{\Phi(\omega)}$, so erhalten wir eine zu (6) analoge Formel

und es ist dann
$$1 = F'(\omega) + F''(\omega) + \cdots,$$

$$X' = F'(D)X, \quad X'' = F''(D)X, \ldots$$

Ist A eine Matrix, die zu einer infinitesimalen Gruppe $\mathfrak{g}$ gehört, so folgt daraus, daß die Bestandteile X', X'', ... der willkürlichen *Gruppenmatrix* X gleichfalls in der Gruppe auftreten. Das ist die »*Unabhängigkeit der Länder*«, welche wir im Haupttext nur für den Fall aufgestellt hatten, daß A eine Hauptmatrix ist. —

Die Aufgabe, die Matrix A auf eine Normalform zu bringen, ist durch das Bisherige vollständig gelöst, wenn die sämtlichen Wurzeln der charakteristischen Gleichung voneinander verschieden sind. Die Normalform ist dann eine Hauptmatrix, in deren Diagonale die Eigenwerte stehen; und es bleibt nichts zu wünschen übrig, weil diese Normalform eindeutig durch die invarianten Charaktere der Abbildung A bestimmt ist. Kommen mehrfache Wurzeln vor, so können wir der Matrix A eine solche Gestalt geben, daß sich längs der Hauptdiagonale Quadrate A_1, A_2, ... aneinanderreihen, deren Größe durch die Multiplizitäten der Wurzeln gegeben ist, während alle übrigen Felder leer sind. In den einzelnen Quadraten A_1, A_2 ... können wir noch dafür sorgen, daß links von der Hauptdiagonale Nullen auftreten, die Hauptdiagonale aber jeweils von dem zugehörigen Eigenwert besetzt ist. In diesem Fall sind wir offenbar noch nicht am Ziel. Aber wir haben das Problem auf den Fall zurückgeführt (z. B. A_1), wo die charakteristische Gleichung nur eine einzige Wurzel α besitzt; ersetzen wir die Operation d durch $d - \alpha$, so können wir noch erreichen, daß $\alpha = 0$ ist. Dann haben wir es nur noch mit einer *Nullmatrix* zu tun — wir nennen sie wieder A und die Dimensionszahl n —, deren charakteristische Gleichung so lautet: $\omega^n = 0$. Eine derartige »Null-Abbildung« d ist auch dadurch gekennzeichnet, daß ihre n-malige Iteration jeden Vektor in 0 überführt: $d^n x = 0$. Hier kann man weiter folgendermaßen vorgehen.

Es sei l der niedrigste Exponent, für den $d^l x = 0$ ist identisch in x. Wir bezeichnen mit $\mathfrak{E}_0$, $\mathfrak{E}_1$, ..., $\mathfrak{E}_{l-1}$, $\mathfrak{E}_l$ die lineare Mannigfaltigkeit aller Vektoren x, für welche bzw. die Gleichungen gelten:

$$d^l x = 0; \quad d^{l-1} x = 0; \quad ...; \quad dx = 0; \quad x = 0.$$

$\mathfrak{E}_0$ ist der gesamte Vektorraum, $\mathfrak{E}_l$ besteht nur aus dem Vektor 0. $\mathfrak{E}_1$ ist in $\mathfrak{E}_0$, $\mathfrak{E}_2$ in $\mathfrak{E}_1$ enthalten usf. Die Mannigfaltigkeiten sind invariant gegenüber der Abbildung A; es gilt sogar schärfer: gehört x zu $\mathfrak{E}_0$ oder $\mathfrak{E}_1$ oder $\mathfrak{E}_2$ ..., so liegt sein Bild dx bzw. in $\mathfrak{E}_1$, $\mathfrak{E}_2$, $\mathfrak{E}_3$, ... Es bezeichne r_0 die Zahl der Dimensionen von $\mathfrak{E}_0$ relativ zu $\mathfrak{E}_1$, d. h. die Anzahl der mod. $\mathfrak{E}_1$ voneinander linear unabhängigen Vektoren in $\mathfrak{E}_0$, ebenso r_1 die Dimensionszahl von $\mathfrak{E}_1$ relativ zu $\mathfrak{E}_2$, ... endlich r_{l-1} die Dimensionszahl von $\mathfrak{E}_{l-1}$ (relativ zu $\mathfrak{E}_l$). Dann ist

$$r_0 + r_1 + \cdots + r_{l-1} = n, \qquad r_0 \geqq 1.$$

Wir wählen r_0 Vektoren (e_0) in $\mathfrak{E}_0$, welche mod. $\mathfrak{E}_1$ voneinander linear unabhängig sind. Ihre Bilder $de_0 = e'_0$ liegen in $\mathfrak{E}_1$ und sind linear unabhängig mod. $\mathfrak{E}_2$; denn daß eine lineare Kombination dx der de_0 gleich Null ist mod. $\mathfrak{E}_2$, besagt ja, daß

$$d^{l-2}(dx) = 0 \quad \text{oder} \quad d^{l-1} x = 0,$$

d. h. daß $x = 0$ ist mod. $\mathfrak{E}_1$. Daraus geht hervor, daß $r_1 \geqq r_0$ sein muß. Wir fügen zu den r_0 Vektoren e'_0 weitere $s_1 = r_1 - r_0$ Vektoren von $\mathfrak{E}_1$ so hinzu, daß alle r_1 Vektoren zusammen linear unabhängig sind mod. $\mathfrak{E}_2$; wir nennen diese Reihe von Vektoren (e_1). So fortfahrend erkennen wir, daß

$$r_0 \leqq r_1 \leqq r_2 \leqq \ldots \leqq r_{l-1}$$

ist und erhalten ein System von n Vektoren e_1, e_2, ..., e_n mit folgenden Eigenschaften:

      die ersten r_0 dieser Vektoren — Serie (e_0) — liegen in $\mathfrak{E}_0$ und sind linear unabhängig mod. $\mathfrak{E}_1$;

      die darauf folgenden r_1 — Serie (e_1) — liegen in $\mathfrak{E}_1$ und sind linear unabhängig mod. $\mathfrak{E}_2$;

      . . . .

      die letzten r_{l-1} — Serie (e_{l-1}) — liegen in $\mathfrak{E}_{l-1}$ und sind linear unabhängig voneinander.

Daraus geht hervor, daß alle n Vektoren voneinander linear unabhängig sind und also ein Koordinatensystem für den ganzen Vektorraum bilden. Außerdem gilt:

      die Bilder der r_0 Vektoren (e_0) gehören zur Serie (e_1);

      die Bilder der r_1 Vektoren, welche die Serie (e_1) konstituieren, gehören zur Serie (e_2);

      . . . .

      die Bilder der r_{l-1} Vektoren, welche die Serie (e_{l-1}) konstituieren, sind Null.

Ist z. B. $l = 3$; $r_0 = 2$, $r_1 = 3$, $r_2 = 5$, so sieht die 10-reihige Null-matrix bei Verwendung des eben konstruierten normalen Koordinaten-systems so aus, wie die nebenstehende Abbildung zeigt. In den schraffierten Quadraten von der Seitenlänge $r_0 = 2$, $r_1 = 3$ steht je eine 2- bzw. 3-reihige Einheitsmatrix; alle übrigen Felder sind mit Nullen besetzt. Wir sind offenbar am Ziel, da die gewonnene Normal-form durch invariante Charaktere der Abbildung A, nämlich die Anzahlen r_0, r_1, $\ldots$, r_{l-1}, eindeutig bestimmt ist.

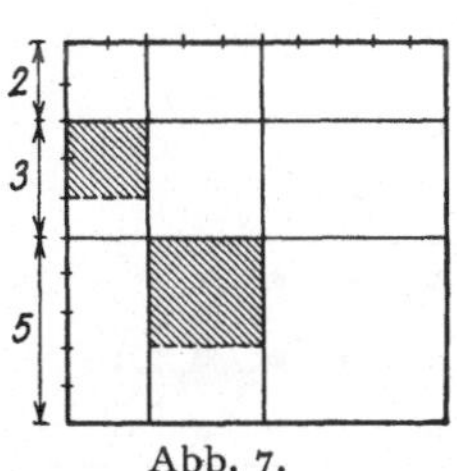

Abb. 7.

Oft gewährt eine andere Anordnung (»zweite Anordnung«) der n Grundvektoren e_i unseres Ko-ordinatensystems ein übersichtlicheres Bild. Wir beginnen mit einem Vektor e der Serie (e_0); seine sukzessiven Bilder

$$e, \; de, \; d^2 e, \; \ldots, \; d^{l-1} e \qquad (d^l e \text{ ist } = 0)$$

bilden eine *Kette* von l Vektoren, die unter den e_i vorkommen. Von der-artigen l-gliedrigen Ketten, welche in der ersten Serie (e_0) beginnen, existieren $r_0 = s_0$. Weiterhin sind $r_1 - r_0 = s_1$ Ketten von der Glieder-zahl $l - 1$ vorhanden, welche in (e_1) beginnen, $s_2 = r_2 - r_1$ in (e_2) be-ginnende $(l - 2)$-gliedrige Ketten usf. In dieser Weise lassen wir die einzelnen Ketten aufeinanderfolgen; die Vektoren jeder Kette spannen eine Mannigfaltigkeit auf, welche gegenüber der Abbildung A invariant ist. Die Matrix für die Transformation einer solchen Mannigfaltigkeit hat die Ge-stalt S: nur die erste, auf die Haupt-diagonale nach links hin folgende Diago-nale ist mit Einsen besetzt. In der der zweiten Anordnung entsprechenden Nor-malform von A reihen sich derartige S,

$$(14) \quad S = \begin{pmatrix} 0 & 0 & \cdots & 0 & 0 \\ 1 & 0 & \cdots & 0 & 0 \\ 0 & 1 & \cdots & 0 & 0 \\ \cdots & \cdots & \cdots & \cdots & \cdots \\ 0 & 0 & \cdots & 1 & 0 \end{pmatrix}$$

deren Zeilenzahl zwischen l und 1 variiert, längs der Hauptdiagonale an-einander. Die Gesamtzahl der Ketten ist $s = r_{l-1}$. Der Rang der Matrix, d. i. die Dimensionszahl der Mannigfaltigkeit, welche dx bei frei variablem x durchläuft, oder die Anzahl der linear unabhängigen unter den Spalten von A, ist gleich $n - s$.

Entsprechend der Zerlegung der Reihe der n Einheitsvektoren $e_1 e_2 \ldots e_n$ in s Ketten erhalten wir eine Einteilung der willkürlichen Matrix X in s^2 Parzellen

$$X_{\mu\nu} \quad (\mu, \; \nu = 1, \; 2, \; \ldots, \; s) : X = \Sigma X_{\mu\nu}.$$

Die einzelnen Parzellen sind gegenüber der Abbildung D:

$$DX = [AX]$$

invariant. Haben wir z. B. eine Parzelle X_{12} von 4 Spalten und 3 Zeilen, so denken wir uns, um die Wirkung der Operation D auf sie in einfacher Weise schildern zu können, ihr Schema zu einem vollen Quadranten ergänzt und die dadurch neu eingeführten Felder (o in der Abbildung) mit Nullen besetzt. Der Prozeß besteht dann darin, daß von

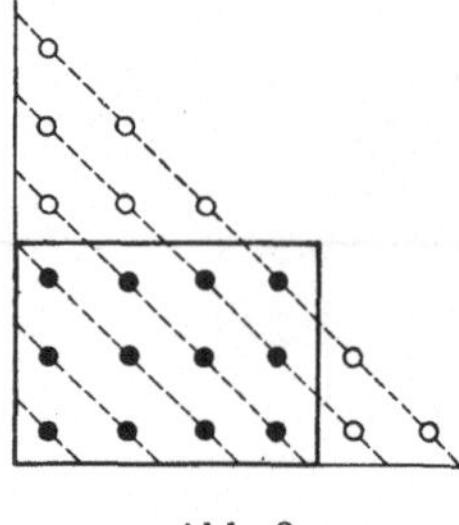
Abb. 8.

jeder in einer der gestrichelten Diagonalen stehenden Zahlenreihe die Diffenzenreihe zu bilden ist und in die nach links hin nächstfolgende Diagonale des Schemas hineinrückt. Von den $6 = (4 + 3) - 1$ Diagonalen, die in X nicht leer sind, wird so durch die Iteration des Prozesses D eine nach der andern entleert; man übersieht hier sehr schön, daß nach 6-maliger Wiederholung die ganze Parzelle zu o geworden ist.

Unter den durch Iteration der »Ableitung« D aus X hervorgehenden Matrizen ist die erste, welche identisch verschwindet, offenbar die $(2l - 1)^{\text{te}}$:

$$D^{2l-1}X = 0.$$

Nullmatrizen sind die Ableitungen von der l^{ten} an; denn bedient man sich der ersten Anordnung, so sieht man, daß in $D^l X$ und den folgenden Ableitungen nur noch Felder besetzt sind, welche auf der linken Seite der Hauptdiagonale liegen. Diese Bemerkung wird uns hernach von Nutzen sein. Wir ergänzen sie durch die folgende. Ist A eine beliebige Matrix (nicht speziell eine Nullmatrix), so gehört zu A nach dem Obigen eine Ländereinteilung der willkürlichen Matrix X; A liege in seiner Normalform vor, d. h. zerfalle in die den verschiedenen Eigenwerten entsprechenden, sich längs der Hauptdiagonale aneinanderreihenden Quadrate A_1, A_2, ... Wir unterscheiden das Hauptland mit dem Multiplikator o und die zu den Multiplikatoren $\lambda \neq 0$ gehörigen Nebenländer. Ich behaupte, daß die zu einem Nebenland gehörigen Matrizen (welche außerhalb des betr. Landes leer sind) stets Nullmatrizen sind. In der Tat kann man die Eigenwerte nach dem Prinzip anordnen, daß von zwei verschiedenen Eigenwerten α_1, α_2 derjenige mit dem kleineren Realteil dem andern voraufgeht; bei zwei verschiedenen Eigenwerten mit gleichem Realteil soll aber der kleinere Imaginärteil über den Vorrang entscheiden. Bei dieser Anordnung liegen alle Felder des Matrixschemas von X, die zu einem und demselben Nebenlande gehören, auf derselben Seite der Hauptdiagonale.

Beweis des gruppentheoretischen Hauptsatzes.

Da der zweidimensionale Fall im Haupttext erledigt wurde, können wir fortan die Dimensionszahl $n \geqq 3$ annehmen. Die Konstruktion einer den Forderungen 2), 3), 4), Seite 52, genügenden infinitesimalen Gruppe $\mathfrak{g}$ linearer Abbildungen wird sich in zwei Schritten vollziehen. Wir haben uns zunächst eine solche Ausgangsmatrix zu verschaffen, wie wir sie in der 8. Vorlesung hypothetisch zugrunde gelegt hatten (J); darauf haben wir in ähnlicher Weise wie dort von diesem Ausgangspunkt aus die ganze Gruppe aufzubauen. Der erste Teil,

Konstruktion der Ausgangsmatrix,

wird erledigt durch den Hilfssatz:

Im Vektorraum von $n \geqq 3$ Dimensionen sei eine inf. Matrixgruppe $\mathfrak{g}$ gegeben; sie sei von solcher Art [Voraussetzung A], daß niemals zwei voneinander linear unabhängige Vektoren eine gemeinsame konjugierte Ebene (in bezug auf die Gruppe $\mathfrak{g}$) besitzen. Dann existiert in $\mathfrak{g}$ notwendig eine Nullmatrix vom Range $\leqq 2$.

Wir beginnen die Konstruktion mit einer beliebigen Matrix H der Gruppe; sie liege in der Normalform vor, d. h. zerfalle in lauter Quadrate von der Seitenlänge r_1, r_2, ..., welche den verschiedenen Eigenwerten α_1, α_2, ... von H entsprechen und sich längs der Hauptdiagonale aneinanderreihen. Das Schema der willkürlichen Gruppenmatrix X zerfällt in bezug auf H in verschiedene Länder. Der zu einem Lande λ gehörige Ausschnitt, d. i. diejenige Matrix, welche in diesem Lande mit X übereinstimmt, in allen übrigen Feldern aber mit Nullen besetzt ist, gehört gleichfalls zur Gruppe. Es sind zwei Fälle möglich:

1) entweder sind in der willkürlichen Gruppenmatrix X alle Nebenländer $(\lambda \neq 0)$ leer;

2) oder der zu einem gewissen Nebenland gehörige Ausschnitt von X verschwindet nicht identisch.

Im 2. Fall liefert uns dieses Nebenland eine zur Gruppe gehörige nicht-verschwindende Nullmatrix. Der 1. Fall aber kann zufolge der Voraussetzung A nur eintreten, wenn H einen einzigen n-fachen Eigenwert α besitzt, wenn also gar keine Einteilung in mehrere Länder eintritt. In der Tat, wären zwei verschiedene Wurzeln α_1, α_2 vorhanden, so würden, wenn alle Nebenländer von X leer sind, in den r_1 ersten Zeilen von X die $n - r_1$ letzten Felder leer stehen, in den r_2 darauf folgenden Zeilen würden $n - r_2$ Felder leer stehen. Eine dieser Anzahlen $n - r_1$, $n - r_2$ ist aber $\geqq 2$, da

$$(n - r_1) + (n - r_2) \geqq 2n - n = n \geqq 3$$

ist; und dieses Leerstehen von 2 in der gleichen Zeile befindlichen Feldern der willkürlichen Gruppenmatrix X ist ja durch die Voraussetzung A ausgeschlossen (vgl. S. 55). Hatten wir die Gruppenmatrix H, von welcher wir ausgingen, insbesondere so gewählt, daß ihre Spur verschwindet, so ist also H im Falle 1) selber eine Nullmatrix. Eine nicht-verschwindende Matrix H, deren Spur verschwindet, würde nur dann in $\mathfrak{g}$ nicht vorzukommen brauchen, wenn $\mathfrak{g}$ einparametrig wäre; das ist aber für $n \geqq 3$ offenbar durch die Voraussetzung A ausgeschlossen (sie erfordert, daß die Gruppe mindestens $n - 1$ Parameter besitzt). Damit ist gezeigt: *Es existiert in $\mathfrak{g}$ unter allen Umständen eine nicht-verschwindende Nullmatrix*; sie wählen wir jetzt als Ausgangsmatrix H. Die Ländereinteilung in bezug auf H liefert dann keine Reduktion mehr, und wir müssen, um weiter zu kommen, zu der feineren »Zerlegung in Ketten« übergehen. Übrigens lag uns von vornherein durchaus nichts daran, gerade eine Nullmatrix als Ausgangspunkt zu bekommen; eine Hauptmatrix wäre wahrscheinlich viel bequemer zu handhaben. Aber die Konstruktion führt uns zwangsweise dazu. Die Nullmatrizen kämen uns sowieso beständig in die Quere; daher ist es am besten, um unnötige Fallunterscheidungen zu vermeiden, direkt von einer solchen auszugehen.

Die Nullmatrix H bringen wir auf die Normalform, welche aus der Zerfällung der Reihe der n Grundvektoren in Ketten resultiert, und verwenden die gleichen Bezeichnungen wie oben für die Einzelmatrix A. Befolgen wir die zweite Anordnung, so besteht H aus Quadraten von der Gestalt S (14), die sich längs der Hauptdiagonale aneinanderreihen. Die Konstruktion geht nach dem gleichen Schema weiter: Wir bilden die sukzessiven »Ableitungen«

$$X' = [HX], \ X'' = [HX], \ \ldots .$$

Ist $X^{(v)}$ eine Ableitung, welche (identisch in der willkürlichen Gruppenmatrix X) eine Nullmatrix ist und mehr Spalten leer stehen hat als H (von geringerem Range ist als H), so sind zwei Fälle möglich. Entweder ist $X^{(v)}$ identisch Null oder nicht. Im 2. Fall »*ist Reduktion möglich*«: indem wir über X geeignet verfügen, gewinnen wir in $X^{(v)}$ eine nicht-verschwindende Nullmatrix von geringerem Range als H, und mit ihr als neuer Ausgangsmatrix wiederholen wir die gleiche Konstruktion wie mit H. Nach endlichmaliger — höchstens $(n-1)$maliger — Wiederholung der Reduktion müssen wir zu einer Nullmatrix H gelangen, für welche Reduktion unmöglich ist. Wir werden zeigen, *daß dann H höchstens den Rang 2 besitzen kann.*

Der Einteilung in Ketten entsprechend, zerfällt das Matrixschema X in rechteckige Parzellen, deren Seitenlänge zwischen l und 1 variiert. Zur Bequemlichkeit werde noch $l - 1 = h$ gesetzt. Die höchste Ableitung, welche möglicherweise nicht verschwindet, ist die $(2h)^{\text{te}}$: $X^{(2h)}$. In ihr sind nur die linken unteren Ecken der Parzellen von der Größe $l \times l$ besetzt; und zwar besteht der Übergang von X zu $X^{(2h)}$ darin, daß in jeder solchen Parzelle die in der rechten oberen Ecke stehende Zahl a unter Multiplikation mit dem Binomialfaktor

$$(-1)^h \frac{(2h)!}{h!\ h!}$$

in die gegenüberstehende Ecke geworfen, alle übrigen Felder aber entleert werden. $X^{(2h)}$ ist eine Nullmatrix höchstens vom Range r_0. Ist $h > 1$, so muß daher, da Reduktion unmöglich sein soll, $X^{(2h)}$ identisch verschwinden. Das hat aber zur Folge, daß in der willkürlichen Gruppenmatrix X die rechten oberen Ecken der Parzellen von der Größe $l \times l$

leerstehen. Insbesondere sind r_0 Stellen in der ersten Zeile von X mit Nullen besetzt. Die Voraussetzung A verlangt daher, daß $r_0 = 1$ ist, daß nur *eine* Kette von der Länge l vorkommt. Im Falle $h = 1$ ist vielleicht die erste Anordnung übersichtlicher. Wir haben die Bilder von

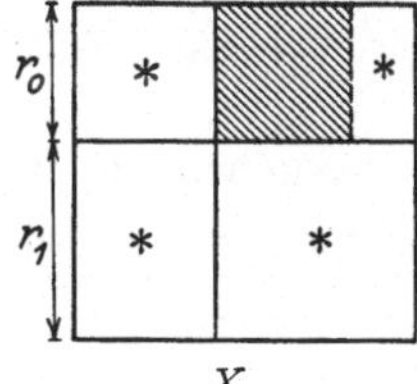
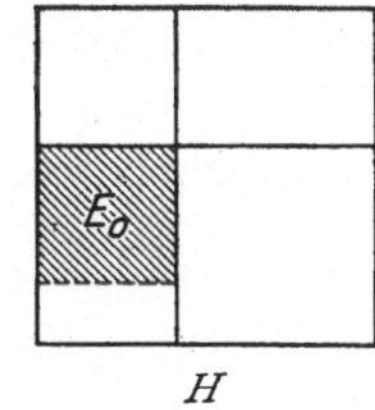
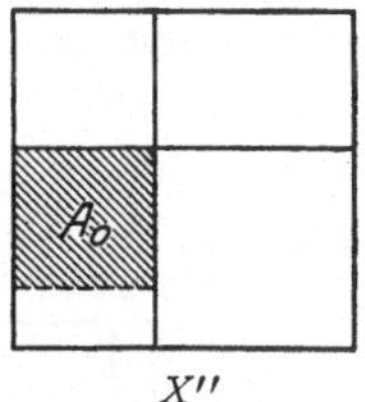

X, H und X'' nebeneinander gestellt. In dem schraffierten Quadrat von H steht die Einheitsmatrix E_0 von r_0 Zeilen und Spalten; das am selben Ort im Schema befindliche schraffierte Quadrat von X'' ist mit der gleichen r_0 reihigen Zahlmatrix A_0 ausgefüllt, das im Schema von X das schraffierte Quadrat besetzt hält (nur der Faktor -2 ist hinzugetreten). Dieses A_0 muß ein Multiplum der Einheitsmatrix E_0 sein. Denn wählen wir die Zahl α als eine Wurzel der charakteristischen Gleichung

$$\det(A_0 - \alpha E_0) = 0,$$

so ist $X'' - \alpha H$ eine Nullmatrix von geringerem als r_0^{ten} Range; da Reduktion unmöglich sein soll, muß sie identisch verschwinden, d. h. $A_0 = \alpha E_0$ sein. Infolgedessen ist nun auch in dem Schema der willkürlichen Gruppenmatrix X das schraffierte Quadrat mit einem Multiplum der Einheitsmatrix E_0 besetzt. Die Voraussetzung A läßt daher nur die Fälle $r_0 = 1$ oder 2 zu; wäre $r_0 \geqq 3$, so fänden sich in der ersten Zeile von X mindestens 2 (allgemein $r_0 - 1$) Stellen mit Nullen ausgefüllt. Aus der Ableitung $X^{(2h)}$ konnten wir demnach schließen (immer unter der Voraussetzung operierend, daß Reduktion unmöglich ist):

wenn $h = 1$ ist, muß $r_0 = 1$ oder 2 sein (und der Rang
von H ist $= 1$, bzw. 2);

wenn $h > 1$ ist, gilt notwendig $r_0 = 1$.

Im ersten Fall ist das Ziel des Hilfssatzes schon erreicht, wir haben uns nur noch mit dem zweiten zu befassen.

In ihm verschwindet $X^{(2h)}$ identisch für die Gruppenmatrix X, und wir steigen daher zu der vorhergehenden Ableitung $X^{(2h-1)}$ herab. In Anbetracht des Umstandes, daß in der einen Parzelle Π von X, welche von der Größe $l \times l$ ist, die rechte obere Ecke leer steht, ist in $X^{(2h-1)}$ nur die linke untere Ecke dieser Parzelle besetzt; außerdem sind in $X^{(2h-1)}$ möglicherweise noch die linken unteren Ecken der Parzellen von der Größe $l \times (l-1)$ oder $(l-1) \times l$ besetzt. $X^{(2h-1)}$ ist demnach eine Nullmatrix höchstens vom Range r_1. Da Reduktion unmöglich ist, muß auch sie noch verschwinden. Daraus folgt aber für X, daß es die rechte obere Ecke nicht bloß in der Parzelle II leer stehen hat, sondern auch in den Parzellen von der Größe $l \times (l-1)$ und $(l-1) \times l$. In der ersten Zeile von X befindet sich also an r_1 Stellen eine Null. Die Voraussetzung (A) verlangt, daß nicht bloß r_0, sondern auch noch $r_1 = 1$ ist, daß also nur *eine* l-gliedrige, aber *keine* $(l-1)$-gliedrige Kette auftritt.

Wir müssen daher noch einen Schritt weiter zurückgehen, zu $X^{(2h-2)}$. Im Quadrate II hat $X^{(2h-2)}$ zwei Diagonalen besetzt, wie es die Figur

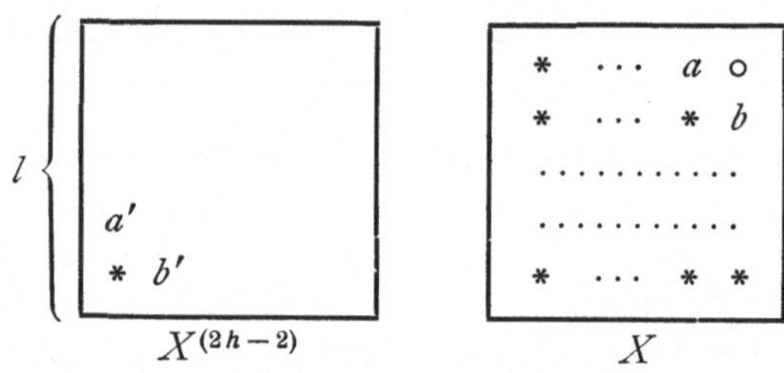

$X^{(2h-2)}$ X

andeutet; außerdem sind noch die linken unteren Ecken etwa vorkommender Parzellen von der Größe $l \times (l-2)$ oder $(l-2) \times l$ möglicherweise nicht leer. Es ist also die $(2h-2)^{\text{te}}$ Ableitung eine Nullmatrix vom Range $\leqq 1 + r_2$. Ist h nicht $= 2$, sondern $\geqq 3$, so muß, da Reduktion unmöglich sein soll, auch $X^{(2h-2)}$ noch verschwinden. Da aber die Parzelle II von $X^{(2h-2)}$ aus der daneben abgebildeten Parzelle II von X so hervorgeht, daß (bis auf einen gemeinsamen, nur von h abhängigen Binomialfaktor)

$$a' = ha - (h-1)b, \quad b' = -(h-1)a + hb$$

ist, folgt daraus das Verschwinden von a und b. In der ersten Zeile von X würden also zwei Felder, das $(l-1)^{\text{te}}$ und l^{te}, mit o besetzt sein — im Gegensatz zu der Voraussetzung A. Daraus geht hervor, daß die Möglichkeit $h \geqq 3$ auszuschließen ist; und wir haben erkannt, daß, wenn Reduktion unmöglich sein soll, für H nur einer der drei folgenden Fälle vorliegen kann:

o) $l = 2$; $r_0 = 1$, $r_1 = n - 1$; Rang $= 1$.

I) $l = 2$; $r_0 = 2$, $r_1 = n - 2$; Rang $= 2$.

II) $l = 3$; $r_0 = 1$, $r_1 = 1$, $r_2 = n - 2$; Rang $= 2$.

Es sind das gerade die drei Fälle, welche einem Rang $\leqq 2$ entsprechen.

Weiterhin legen wir die Forderungen 3) und 4) des Haupttextes (S. 52) zugrunde; die Forderung 2), daß die Spur aller Gruppenmatrizen verschwinden soll, wollen wir hingegen erst an letzter Stelle in die Konstruktion einführen. Aus den Forderungen 3) und 4) ergibt sich neben der Voraussetzung A, wie wir sahen, noch die weitere

B: *Es gibt keine nicht-verschwindende Operation der inf. Gruppe, welche eine Ebene Punkt für Punkt fest läßt.* Sie schließt das Auftreten von Matrizen des Ranges 1 und damit den Fall o) aus. Es bleiben uns nur die Fälle I) und II) zu diskutieren. Statt einer einzigen bestimmten Ausgangsmatrix wie in den Überlegungen des Haupttextes, haben wir hier mit *zwei* Möglichkeiten zu rechnen.

Aufbau der Gruppe: Fall (II).

Um Raum zu sparen, schreiben wir von einer Matrix nur einen rechteckigen Ausschnitt hin, falls alle nicht zu ihm gehörigen Felder mit Nullen besetzt sind. Am Rande sind dann die Zeilen- und Kolonnennummern vermerkt, denen dieser Ausschnitt entspricht; die Randnumerierung kann unterbleiben, wenn die Nummern von 1 ab in ununterbrochener Reihenfolge laufen.

Im Falle (II) liefert uns die Ausgangsmatrix H eine dreigliedrige Kette

$$e_2 \to e_3 \to e_1 \to 0$$

(der Pfeil ist das Zeichen für die durch H bewirkte Abbildung); alle übrigen sind eingliedrig:

$$e_4 \to 0, \cdots, e_n \to 0.$$

Bei der gewählten Numerierung, die sich als zweckmäßig erweisen wird, haben wir das nebenstehende Koeffizientenschema von H. Die mit Hilfe von H gebildete vierte und dritte Ableitung der willkürlichen Gruppenmatrix $A = (\alpha^{ik})$, die wir schon oben verwendeten, liefern die Beziehungen

$$H = \begin{pmatrix} 0 & 0 & 1 \\ 0 & 0 & 0 \\ 0 & 1 & 0 \end{pmatrix}$$

$$(15) \qquad \alpha_{21} = 0; \quad \alpha_{31} = \alpha_{23} \; (= \alpha).$$

Wir steigen jetzt zur zweiten und ersten Ableitung herab. Die schon gewonnenen Gleichungen (15) berücksichtigend, finden wir für A'' die Formel:

$$(16) \qquad A'' = \left(\begin{array}{ccc|ccc} 0 & * & -\alpha & \alpha_{24} & \cdots & \alpha_{2n} \\ 0 & 0 & 0 & & & \\ 0 & -\alpha & 0 & & & \\ \hline & \alpha_{41} & & & & \\ & \vdots & & & & \\ & \alpha_{n1} & & & & \end{array}\right)$$

(An der Stelle $*$ steht die Zahl

$$\alpha_{22} - 2\,\alpha_{33} + \alpha_{11}.)$$

Wenn für eine Gruppenmatrix A die Gleichungen bestehen

$$(17) \qquad \alpha_{24} = \alpha_{25} = \cdots = \alpha_{2n} = 0,$$

ist in $A'' + \alpha H$ allein die zweite Spalte besetzt. Nach B muß diese dann auch verschwinden, d. h. es wird

$$\alpha_{41} = \alpha_{51} = \cdots = \alpha_{n1} = 0$$

und
$$\alpha_{33} - \alpha_{11} = \alpha_{22} - \alpha_{33} \, (= b).$$

Für ein solches A lautet die erste Ableitung A':

$$(18) \qquad A' = \left[\begin{array}{ccc|ccc} \alpha, & \alpha_{32} - \alpha_{13}, & b & \alpha_{34} & \cdots & \alpha_{3n} \\ 0, & -\alpha, & 0 & & & \\ 0, & b, & 0 & & & \\ \hline & -\alpha_{43} & & & & \\ & \vdots & & & & \\ & -\alpha_{n3} & & & & \end{array} \right]$$

Da in der zweiten Zeile der willkürlichen Gruppenmatrix A das Element α_{21} verschwindet, sind die übrigen in dieser Zeile stehenden Elemente nach Voraussetzung (A) voneinander linear unabhängig. Infolgedessen existiert eine Gruppenmatrix A, für welche die Gleichungen (17) bestehen, hingegen $\alpha = \alpha_{23} \neq 0$, etwa $= 1$ ist. Die zugehörige Matrix $A' - bH$ liefert nach (18) eine Abbildung δ, die sich so schreiben läßt:

$$(19) \qquad \left\{ \begin{array}{l} \delta e_1 = e_1, \quad \delta e_3 = 0, \\ \delta e_2 = \beta e_1 - e_2 + (\beta_4 e_4 + \cdots + \beta_n e_n), \\ \delta e_4 = \alpha_4 e_1, \ \ldots, \ \delta e_n = \alpha_n e_1. \end{array} \right.$$

Führen wir ein neues Koordinatensystem ein durch die Gleichungen

$$\begin{array}{l} \bar{e}_1 = e_1, \quad \bar{e}_3 = e_3, \\ \bar{e}_2 = e_2 + \beta' e_1 - (\beta_4 e_4 + \cdots + \beta_n e_n), \\ \bar{e}_4 = e_4 - \alpha_4 e_1, \ \ldots, \ \bar{e}_n = e_n - \alpha_n e_1, \end{array}$$

so stellt sich H immer noch in der gleichen Weise dar:

$$\bar{e}_2 \to \bar{e}_3 \to \bar{e}_1 \to 0; \quad \bar{e}_4 \to 0, \ \ldots, \ \bar{e}_n \to 0;$$

aber an Stelle von (19) bekommen wir:

$$\begin{array}{l} \delta \bar{e}_1 = \bar{e}_1, \quad \delta \bar{e}_3 = 0, \\ \delta \bar{e}_2 = (- \bar{e}_2 + \beta \bar{e}_1 + \beta' \bar{e}_1) + \beta' \bar{e}_1 - (\beta_4 \alpha_4 + \cdots + \beta_n \alpha_n) \bar{e}_1, \\ \delta \bar{e}_4 = 0, \ \ldots, \ \delta \bar{e}_n = 0. \end{array}$$

Bestimmt man β' gemäß der Gleichung

$$2\beta' + \beta = \alpha_4 \beta_4 + \cdots + \alpha_n \beta_n,$$

so haben wir (im neuen Koordinatensystem) außer der Matrix H noch die Matrix J, von der wir im Haupttext unsern Ausgang nahmen, und können uns jetzt einfach auf die damaligen Ausführungen berufen. Bei der Ländereinteilung nach J gilt für eine zum Lande $+1$ gehörige Gruppenmatrix A^+ — Formel (35) des Haupttextes — a priori (wegen des Vorhandenseins von H): wenn

$$J = \left[\begin{array}{cc} 1 & 0 \\ 0 & -1 \end{array} \right]$$

$$\alpha_4 = \alpha_5 = \cdots = \alpha_n = 0$$

ist, wird $\qquad \alpha^3 = \alpha_3, \quad \alpha^4 = \alpha^5 = \cdots = \alpha^n = 0.$

In den Formeln

$$\alpha^i = \sum_k {}' g^{ik} \alpha_k \qquad (i, k = 3, 4, \ldots, n)$$

ist darum $\qquad g^{33} = 1, \quad g^{43} = \cdots = g^{n3} = 0;$

und es bedarf nur noch der Transformation der Koordinaten $\xi^4 \ldots \xi^n$, um die Gleichungen $\alpha^i = \alpha_i$ zu erzielen. Auch damals hatten wir H und den Übergang von A zu A'' benutzt, um für eine zum Lande -1 gehörige Matrix — vgl. jetzt den Ausdruck (16) — die analogen Gleichungen $\beta^i = \beta_i$, (39) im Haupttext, festzustellen. Die Voraussetzung verschwindender Spur wird erst beim allerletzten Schritt herangezogen (oder kann sogar ganz entbehrt werden).

Aufbau der Gruppe im Falle (I).

Fall (I) ist etwas komplizierter, und man muß ein weiteres Schlußprinzip heranziehen, um zum Ziel zu kommen. Die Parameterzahl der Gruppe $\dfrac{n(n-1)}{2}$ werde jetzt mit N bezeichnet. Betrachten wir etwa diejenigen Matrizen unserer inf. Gruppe $\mathfrak{g}$, in denen die ersten beiden Zeilen und die ersten beiden Spalten leer sind; sie bilden eine Untergruppe $\mathfrak{g}^{(2)}$ der gegebenen Gruppe. Jede ihrer Matrizen $A^{\bullet}$ entsteht aus einer $m = (n-2)$ reihigen Matrix A durch Hinzufügung eines Doppelrandes von Nullen. In der m-dimensionalen Gruppe der A darf es offenbar keine symmetrische Doppelmatrix außer 0 geben; denn wäre

$$A_3, \ A_4, \ \ldots, \ A_n$$

eine solche, so wäre offenbar

$$0, \ 0, \ A_3^{\bullet}, \ A_4^{\bullet}, \ \ldots, \ A_n^{\bullet}$$

eine symmetrische Doppelmatrix der ursprünglichen Gruppe $\mathfrak{g}$. Die Untergruppe $\mathfrak{g}^{(2)}$ kann daher höchstens $\dfrac{m(m-1)}{2}$ Parameter enthalten, d. s. mindestens $(n-1) + (n-2)$ Parameter weniger als die totale Gruppe $\mathfrak{g}$. Die Zahl 2 war nur als Beispiel gewählt. Allgemein gilt: *Die Forderung des Verschwindens der ersten r Zeilen und Kolonnen in der allgemeinen Gruppenmatrix von $\mathfrak{g}$ involviert mindestens*

$$(n-1) + (n-2) + \cdots + (n-r)$$

unabhängige lineare Bedingungen für die N Parameter der Gruppe. —

Die Abbildung H liefert im Falle (I) zwei zweigliedrige Ketten

$$e_1 \to e_3 \to 0, \quad e_2 \to e_4 \to 0$$

und sonst lauter eingliedrige

$$e_5 \to 0, \ \ldots, \ e_n \to 0.$$

$$H = \begin{array}{c} {\scriptstyle 1 \quad\; 2} \\ \left[\begin{array}{cc} 1 & 0 \\ 0 & 1 \end{array}\right] \begin{array}{c} \scriptstyle 3 \\ \scriptstyle 4 \end{array} \end{array}$$

Die mit Hilfe von H gebildete Ableitung A'' der allgemeinen Gruppenmatrix $A = (\alpha_{ik})$ lehrt, daß der Ausschnitt

$$(20) \qquad \left\| \begin{array}{cc} \alpha_{13} & \alpha_{14} \\ \alpha_{23} & \alpha_{24} \end{array} \right\| \quad \text{ein Multiplum} \quad \left\| \begin{array}{cc} \alpha & 0 \\ 0 & \alpha \end{array} \right\|$$

der zweireihigen Einheitsmatrix sein muß. (Diese Überlegung wurde schon oben für eine beliebige Anzahl r_0 von zweigliedrigen Ketten benutzt. Bezeichnet nämlich — um sie für $r_0 = 2$ zu wiederholen — A_2 einen Augenblick die auf der linken Seite stehende zweireihige Matrix, E_2 die zweireihige Einheitsmatrix und bestimmt man α als Wurzel der charakteristischen Gleichung

$$\det (A_2 - \alpha E_2) = 0,$$

so ist

$$-\tfrac{1}{2} A'' - \alpha H = \begin{array}{|cc|c} \hline \alpha_{13} - \alpha, & \alpha_{14} & 3 \\ \alpha_{23}, & \alpha_{24} - \alpha & 4 \\ \hline 1 & 2 \end{array}$$

eine Matrix höchstens vom Range 1 und daher nach B gleich Null; d. h. $A_2 = \alpha E_2$.) In Anbetracht dieser Tatsache lautet A':

$$(21) \qquad A' = \begin{array}{|cc|cc|ccc|}
\hline
\alpha & 0 & & & & & \\
0 & \alpha & & & & & \\
\hline
* & * & -\alpha & 0 & -\alpha_{15} & \cdots & -\alpha_{1n} \\
* & * & 0 & -\alpha & -\alpha_{25} & \cdots & -\alpha_{2n} \\
\hline
\alpha_{53} & \alpha_{54} & & & & & \\
\vdots & \vdots & & & & & \\
\alpha_{n3} & \alpha_{n4} & & & & & \\
\hline
\end{array}$$

Im gesternten Quadrat steht die Differenz der beiden auf der Hauptdiagonale liegenden Quadrate von A:

$$\left\| \begin{array}{cc} \alpha_{11} & \alpha_{12} \\ \alpha_{21} & \alpha_{22} \end{array} \right\| - \left\| \begin{array}{cc} \alpha_{33} & \alpha_{34} \\ \alpha_{43} & \alpha_{44} \end{array} \right\| .$$

α kann nicht identisch verschwinden, denn sonst würden in der ersten (sowohl wie in der zweiten) Zeile der willkürlichen Gruppenmatrix zwei Nullen stehen (an dritter und vierter Stelle). Zu einem A, für welches $\alpha = 1$, erhalten wir ein A'; die durch dasselbe bewirkte Abbildung δ sieht so aus:

$$\begin{aligned}
\delta e_1 &= e_1 + (\lambda e_3 + \mu e_4) + (\alpha_5 e_5 + \cdots + \alpha_n e_n), \\
\delta e_2 &= e_2 + (\nu e_3 + \varrho e_4) + (\beta_5 e_5 + \cdots + \beta_n e_n), \\
\delta e_3 &= -e_3, \quad \delta e_4 = -e_4, \\
\delta e_5 &= \alpha_5' e_3 + \beta_5' e_4, \ \ldots, \ \delta e_n = \alpha_n' e_3 + \beta_n' e_4.
\end{aligned}$$

Wir führen als neue Grundvektoren ein:

$$\bar{e}_1 = e_1 + (\lambda' e_3 + \mu' e_4) + (\alpha_5 e_5 + \cdots + \alpha_n e_n),$$
$$\bar{e}_2 = e_2 + (\nu' e_3 + \varrho' e_4) + (\beta_5 e_5 + \cdots + \beta_n e_n),$$
$$\bar{e}_3 = e_3, \quad \bar{e}_4 = e_4,$$
$$\bar{e}_5 = e_5 + \alpha'_5 e_3 + \beta'_5 e_4, \quad \ldots, \quad \bar{e}_n = e_n + \alpha'_n e_3 + \beta'_n e_4.$$

Indem wir über die Zahlen λ', μ', ν', ϱ' nach den Gleichungen verfügen

$$2\lambda' - \lambda = \alpha_5 \alpha'_5 + \cdots + \alpha_n \alpha'_n,$$
$$2\mu' - \mu = \alpha_5 \beta'_5 + \cdots + \alpha_n \beta'_n,$$
$$2\nu' - \nu = \beta_5 \alpha'_5 + \cdots + \beta_n \alpha'_n,$$
$$2\varrho' - \varrho = \beta_5 \beta'_5 + \cdots + \beta_n \beta'_n,$$

bekommen wir dann

$$\delta\bar{e}_1 = \bar{e}_1 \quad\bigg|\quad \delta\bar{e}_3 = -\bar{e}_3 \quad\bigg|\quad \delta\bar{e}_5 = 0, \quad \ldots, \quad \delta\bar{e}_n = 0$$
$$\delta\bar{e}_2 = \bar{e}_2 \quad\bigg|\quad \delta\bar{e}_4 = -\bar{e}_4 \quad\bigg|$$

oder die Matrix

$$J^* = \begin{pmatrix} 1 & 0 & & \\ 0 & 1 & & \\ & & -1 & 0 \\ & & 0 & -1 \end{pmatrix}.$$

H aber hat sich nicht geändert; die Abbildung H stellt sich nach wie vor dar durch die Formeln:

$$\bar{e}_1 \to \bar{e}_3 \to 0; \quad \bar{e}_2 \to \bar{e}_4 \to 0; \quad \bar{e}_5 \to 0, \quad \ldots, \quad \bar{e}_n \to 0.$$

Die zu J^* gehörige Ländereinteilung sieht genau so aus wie im Falle (II); wir geben die Tabelle der Multiplikatoren. Nur sind an die Stelle ein-

	1 2	3 4	
1 2	0	2	1
3 4	-2	0	-1
	-1	1	0

facher Spalten und Zeilen Spalten- bzw. Zeilenpaare getreten. Das ist überhaupt die charakteristische Komplikation dieses Falles gegenüber dem zuerst behandelten.

Wir studieren die einzelnen Länder. Zum Lande -2 gehört die Matrix H; aber es gibt zu ihm keine anderen Matrizen, als die Multipla von H (nach dem gleichen Schluß, durch welchen wir (20) bewiesen). Eine Gruppenmatrix A, deren $\alpha = 1$ ist, liefert als ihren dem Lande $+2$ angehörigen Bestandteil $\overline{H}$, und nach (20)

$$\overline{H} = \begin{pmatrix} 1 & 0 \\ 0 & 1 \end{pmatrix} \begin{matrix} 1 \\ 2 \end{matrix}$$
$$\begin{matrix} 3 & 4 \end{matrix}$$

treten in diesem Lande nur die Multipla von $\overline{H}$ auf. Aus dem zum

Lande — 2 gehörigen Bestandteil der Matrix A' erschließen wir, daß sich die beiden in der Hauptdiagonale aufeinanderfolgenden Quadrate

$$(22) \quad \begin{Vmatrix} \alpha_{11} & \alpha_{12} \\ \alpha_{21} & \alpha_{22} \end{Vmatrix} \quad \text{und} \quad \begin{Vmatrix} \alpha_{33} & \alpha_{34} \\ \alpha_{43} & \alpha_{44} \end{Vmatrix} \quad \text{um ein Multiplum der Einheits-}$$

matrix unterscheiden.

Das ist eine Aussage über das Land o. Die Matrizen des Landes $+$ 1

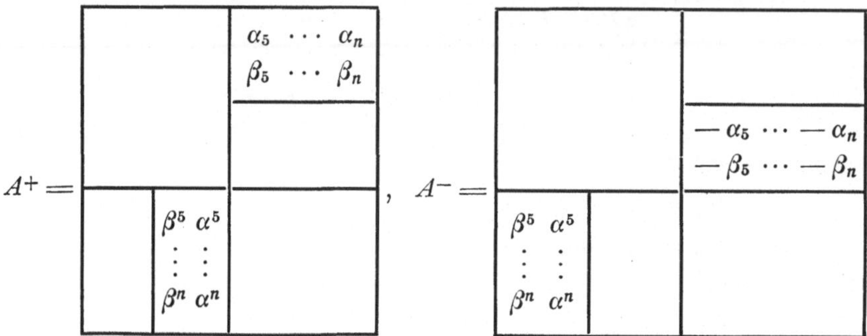

haben die Gestalt A^+. Aus einer solchen erhält man durch Ableitung $[HA^+]$ nach (21) die zum Lande $-$ 1 gehörige Matrix A^-. Umgekehrt gewinnt man A^+ aus A^- durch Zusammensetzung mit $\overline{H}$ zurück: $- A^+ = [\overline{H}A^-]$. So besteht eine eineindeutige Korrespondenz zwischen den Matrizen der beiden Länder $\pm$ 1.

Von den Matrizen A^- des Landes $-$ 1 haben wir, immer analog zum Falle (II) operierend, zweierlei zu zeigen:

a) mit den Zeilen α_i, β_i verschwinden auch die Kolonnen α^i, β^i;

b) die $2\,(n-4)$ Größen α_i, β_i sind voneinander linear unabhängig und können daher als Parameter der linearen Schar aller A^- benutzt werden.

a) In einer Matrix A^-, in welcher die beiden Zeilen α_i und β_i verschwinden, können nach der Voraussetzung B die beiden Spalten α^i, β^i nicht zueinander proportional sein, ohne daß $A^- = $ o wird. Wenn wir daher

$$\alpha^5 e_5 + \cdots + \alpha^n e_n, \quad \beta^5 e_5 + \cdots + \beta^n e_n$$

als neue Koordinatenvektoren e_6, e_5 einführen, bekommt ein solches A^- die Gestalt H^* (ohne daß die Matrizen H und J^* sich verändert hätten). In der gleichen Weise, wie aus dem Auftreten von H auf (20) geschlossen wurde, hat dieses H^* zur Folge, daß

$$H^* = \begin{matrix} & \begin{matrix} 1 & \;\; & 2 \end{matrix} & \\ \begin{Vmatrix} \text{I} & \text{o} \\ \text{o} & \text{I} \end{Vmatrix} & \begin{matrix} 5 \\ 6 \end{matrix} \end{matrix}$$

$$\begin{Vmatrix} \alpha_{15} & \alpha_{16} \\ \alpha_{25} & \alpha_{26} \end{Vmatrix} = \begin{Vmatrix} \alpha^* & \text{o} \\ \text{o} & \alpha^* \end{Vmatrix}$$

sein muß. In der allgemeinen Gruppenmatrix würden dann aber in der ersten Zeile die Elemente α_{14}, α_{16} identisch verschwinden, was unmöglich ist.

b) Nach der im Falle (II) angewendeten Methode können wir hier nur schließen, daß die $n-4$ Größen α_i untereinander linear unabhängig sind und ebenso die $n-4$ Größen β_i. Um die Unabhängigkeit der α_i

und β_i insgesamt zu beweisen, ziehen wir das am Anfang erörterte neue Schlußprinzip heran, und zwar für $r = 4$. Nach dem unter a) Bewiesenen genügen die Bedingungen

$$\alpha_{35} = \cdots = \alpha_{3n} = 0, \quad \alpha_{45} = \cdots = \alpha_{4n} = 0,$$

um das Land -1 zu entleeren. Die Anzahl m der linear unabhängigen unter den Matrizen A^- ist daher $\leqq 2(n-4)$. Die Anzahl der linear unabhängigen unter den zum Lande $+1$ gehörigen Matrizen A^+ ist wegen der eineindeutigen Korrespondenz die gleiche, m. Zur Entleerung der Länder $+2$ und -2 ist je *eine* Bedingung erforderlich. Durch die vier Gleichungen

$$\left\| \begin{matrix} \alpha_{11} & \alpha_{12} \\ \alpha_{21} & \alpha_{22} \end{matrix} \right\| = \left\| \begin{matrix} 0 & 0 \\ 0 & 0 \end{matrix} \right\|$$

bewirken wir ferner die Entleerung dieses Quadrats auf der Hauptdiagonale, und darauf genügt nach (22) *eine* weitere Bedingung, um auch das Quadrat

$$\left\| \begin{matrix} \alpha_{33} & \alpha_{34} \\ \alpha_{43} & \alpha_{44} \end{matrix} \right\|$$

zum Verschwinden zu bringen. Das sind nun im ganzen höchstens

$$2m + 2 + 4 + 1 = 2m + 7$$

unabhängige Bedingungen. Es muß daher

$$2m + 7 \geqq (n-1) + (n-2) + (n-3) + (n-4) = 4n - 10$$

sein,
$$2m \geqq 4n - 17, \quad m \geqq 2n - 8.$$

Damit ist gezeigt, daß $m = 2(n-4)$ ist, d. h. daß das Zeilenpaar in A^- (und in A^+) aus lauter voneinander unabhängigen Größen besteht.

Jetzt läuft der Beweis wie von selber zu Ende. Auf Grund von a) und b) sind in der linearen Schar A^- die Kolonnengrößen α^i, β^i universelle lineare Funktionen der Zeilengrößen α_i, β_i, welche als unabhängige Parameter der linearen Schar fungieren können:

$$\alpha^i = \sum_k g^{ik} \alpha_k + \sum_k g_*^{ik} \beta_k, \quad \beta^i = \sum_k h_*^{ik} \alpha_k + \sum_k h^{ik} \beta_k.$$

Aus zwei zum Lande -1 gehörigen Matrizen A^-, $\overline{A}^-$ bilden wir

$$A^- \overline{A}^- = - \begin{array}{|cc|} \hline \sum \alpha_i \overline{\beta}^i, & \sum \alpha_i \overline{\alpha}^i \\ \sum \beta_i \overline{\beta}^i, & \sum \beta_i \overline{\alpha}^i \\ \hline \end{array} \begin{matrix} 3 \\ 4 \end{matrix}.$$

$$\begin{matrix} 1 & \quad & 2 \end{matrix}$$

Daß die zum Lande -2 gehörige Gruppenmatrix

$$[A^- \overline{A}^-] = A^- \overline{A}^- - \overline{A}^- A^-$$

ein Multiplum von H ist, besagt offenbar:

$$\sum \alpha_i \overline{\alpha}^i, \quad \sum \beta_i \overline{\beta}^i, \quad \sum (\alpha_i \overline{\beta}^i + \alpha^i \overline{\beta}_i)$$

sind symmetrische Bilinearformen der beiden Variablenreihen α_i, β_i und $\bar{\alpha}_i$, $\bar{\beta}_i$; d. h. es ist

$$g^{ki} = g^{ik}, \quad g^{ik}_* = 0; \quad h^{ki} = h^{ik}, \quad h^{ik}_* = 0; \quad g^{ik} + h^{ik} = 0.$$

Infolgedessen zerfällt das Land — 1 in zwei voneinander unabhängige Teile, deren einer (— 1)′ aus der dritten Zeile und zweiten Spalte, deren anderer (— 1)″ aus der vierten Zeile und ersten Spalte besteht. Im ersten Bestandteil kann nach B die Spalte nicht verschwinden, ohne daß auch die einzige Zeile Null wird; d. h. die quadratische Form von $n — 4$ Variablen mit den Koeffizienten g^{ik} ist nicht-ausgeartet, und wir können durch eine Transformation der Grundvektoren e_5 bis e_n erreichen, daß sie die Einheitsform ist. Dann bekommen wir

$$\alpha^i = \alpha_i, \quad \beta^i = — \beta_i.$$

Endlich erhalten wir durch Zusammensetzung einer zum Lande 0 gehörigen Matrix mit einer willkürlichen, zur Landeshälfte (— 1)′ gehörigen Matrix wie früher die Beziehungen

$$(23) \qquad \alpha_{ik} + \alpha_{ki} = (\alpha_{22} + \alpha_{33})\,\delta_{ik} \qquad (i,\, k = 5,\, \ldots,\, n).$$

Aus (22) entnehmen wir die Gleichung

$$\alpha_{33} — \alpha_{11} = \alpha_{44} — \alpha_{22} \quad \text{oder} \quad \alpha_{22} + \alpha_{33} = \alpha_{11} + \alpha_{44}.$$

Setzen wir also $\alpha_{22} + \alpha_{33} = 2\gamma$, so bekommen wir $\alpha_{11} + \alpha_{44} = 2\gamma$ und aus (23): $\alpha_{ii} = \gamma$ für $i = 5,\, \ldots,\, n$. Daher ist die Spur der Gruppenmatrix A gleich $n\gamma$. An letzter Stelle benutzen wir die Voraussetzung der verschwindenden Spur: $\gamma = 0$, und bekommen dann, indem wir alle Resultate zusammenfassen, das untenstehende Schema der willkürlichen

ϱ	λ	λ'	0	γ_5	$\cdots$	γ_n
μ	σ	0	λ'	$—\,\delta_5$	$\cdots$	$—\,\delta_n$
μ'	0	$—\,\sigma$	λ	$—\,\alpha_5$	$\cdots$	$—\,\alpha_n$
0	μ'	μ	$—\,\varrho$	β_5	$\cdots$	β_n
β_5	α_5	δ_5	γ_5			
$\vdots$	$\vdots$	$\vdots$	$\vdots$		$*$	
β_n	α_n	δ_n	γ_n			

Gruppenmatrix A. (Der durch einen $*$ angedeutete Ausschnitt ist schiefsymmetrisch.) Es enthält gerade die richtige Anzahl von Parametern; diese sind also alle voneinander unabhängig. Die Gruppe besteht aus allen infinitesimalen linearen Transformationen, welche die quadratische Form

$$— 2\,(\xi^1\,\xi^4 — \xi^2\,\xi^3) + \{(\xi^5)^2 + \cdots + (\xi^n)^2\}$$

invariant lassen.

Auch hier kann man wie im Falle (II) die Voraussetzung der verschwindenden Spur durch eine geringe Modifikation des letzten Beweisschrittes ganz entbehrlich machen; wir gehen darauf aber nicht mehr ein.

Literatur.

a) *Zur Philosophie des Raumes* (Vorlesung 1):

STUMPF, C.: Über den psychologischen Ursprung der Raumvorstellung, Leipzig 1873.
POINCARÉ, H.: Wissenschaft und Hypothese (deutsche Ausgabe von F. und E. LINDE-
MANN), 2. Aufl., Leipzig 1906. — Derselbe: Der Wert der Wissenschaft (deutsch
von E. WEBER), Leipzig 1910.
CARNAP, R.: Der Raum. Ein Beitrag zur Wissenschaftslehre. Kantstudien, Ergänzungs-
hefte, Nr. 56, 1922 (mit ausführlichen Literaturangaben).
BECKER, O.: Beiträge zur phänomenologischen Begründung der Geometrie und ihrer
physikalischen Anwendungen. HUSSERLS Jahrbuch für Philosophie Bd. 6, 1923.

b) *Zur elementaren Axiomatik* (Vorlesung 1):

KLEIN, F.: Über die sogenannte nicht-EUKLIDische Geometrie. Über die geometrische
Definition der Projektivität auf den Grundgebilden erster Stufe. Math. Annalen
1871, 4; 1873, 6; 1874, 7; 1880, 17; 1890, 37.
DARBOUX, G.: Sur le théorème fondamental de la géométrie projective, Math. An-
nalen 1880, 17.
PASCH, M.: Vorlesungen über neuere Geometrie, Leipzig 1882.
HILBERT, D.: Grundlagen der Geometrie, Leipzig, mehrere Auflagen seit 1899.
SCHUR, F.: Über die Grundlagen der Geometrie, Math. Annalen 1901, 55.
WHITEHEAD, A. N.: The axioms of projective geometry, Cambridge 1906.

c) *Zur Infinitesimalgeometrie und dem Helmholtz-Lieschen Raumproblem*
(Vorlesungen 2—6):

RIEMANN, B.: Über die Hypothesen, die der Geometrie zugrunde liegen, 1854, Werke
2. Aufl., Leipzig 1892, S. 172. Neu herausgegeben von H. WEYL (3. Aufl.,
Berlin 1923).
HILBERT, D.: Über die Grundlagen der Geometrie, Math. Annalen 1902, 56; als Anhang abgedruckt in dem Buche »Grundlagen der Geometrie« von der 2. Auflage ab (1903).
POINCARÉ, H.: Bull. Soc. math. de France 1887, 15, S. 203. Dazu die im Text an-
geführten Arbeiten von HELMHOLTZ und LIE. Die wichtigste Literatur über
die Infinitesimalgeometrie des Raumes findet sich zusammengestellt in »Raum,
Zeit, Materie«.

d) *Zu Lies Theorie der kontinuierlichen Transformationsgruppen* (Vorlesung 5 und
Anhang 8), außer dem im Text zitierten Hauptwerk:

LIE, S.: Vorlesungen über kontinuierliche Gruppen, herausgegeben von G. SCHEFFERS,
Leipzig 1893.
KLEIN, F.: Einleitung in die höhere Geometrie, autogr. Vorles., Göttingen-Leipzig 1893.

Um den Vergleich mit der Darstellung in den LIEschen Büchern zu erleichtern,
sei folgendes zum Anhang 8 hinzugefügt (die Formelnummern beziehen sich auf diesen
Anhang). Als *ersten Fundamentalsatz* bezeichnet LIE die Tatsache, daß die x_i Gleichungen von der Form (14) genügen müssen mit Koeffizienten $\lambda_\alpha^\gamma (s)$, deren Determinante $\neq 0$ ist für $s = 0$. Die »Umkehrung« dieses ersten Fundamentalsatzes beweisen wir auf der zweiten Hälfte von S. 81. Der *zweite Fundamentalsatz,* welcher
auf der nächsthöheren Differentiationsstufe steht, ist die Notwendigkeit der Be-

dingungen (12) — welche übrigens rechnerisch aus der dritten Formel auf S. 80 folgen, wenn man darin die $s = 0$ setzt. Die Umkehrung dieses Fundamentalsatzes wird von uns auf S. 80—81 bewiesen. Der *dritte Fundamentalsatz* besagt, daß die Zahlen $c_{\alpha\beta}^{\gamma}$ den Gleichungen (24), (25) genügen müssen. Daß unter diesen Umständen stets r parametrige Gruppen mit den Zusammensetzungszahlen $c_{\alpha\beta}^{\gamma}$ existieren, daß also jede abstrakte Gruppe sich realisieren läßt (Umkehrung des dritten Fundamentalsatzes), erkennt man am einfachsten so: Die von uns bestimmten $\lambda_{\alpha}^{\gamma}$ erfüllen infolge der Relationen (24), (25), welche die Integrabilitätsbedingungen des Systems (15) sind, identisch in s die Gleichungen (15). Infolgedessen sind die Integrabilitätsbedingungen für (23) erfüllt. Vergleicht man (23) mit (14), so erkennt man, daß darum die r Geschwindigkeitsfelder

$$\mu_{\gamma}(s) = (\mu_{\gamma}^{1}(s), \ \cdots, \ \mu_{\gamma}^{r}(s)) \qquad\qquad (\gamma = 1, \cdots, r)$$

im r-dimensionalen Raum mit den Koordinaten $s_1 \cdots s_r$ eine inf. Gruppe mit den Zusammensetzungszahlen $c_{\alpha\beta}^{\gamma}$ bilden. Die Formeln, welche dies ausdrücken,

$$[\mu_{\alpha}\,\mu_{\beta}] = \sum_{\gamma} c_{\alpha\beta}^{\gamma}\mu_{\gamma},$$

sind nur eine andere Gestalt der Formeln (15). Die r Geschwindigkeitsfelder sind voneinander linear unabhängig, weil $\mu_{\gamma}^{\alpha} = \delta_{\gamma}^{\alpha}$ für $s = 0$ ist.

e) *Zur Elementarteilertheorie* (Anhang 12):

SMITH, H. I. ST.: Coll. math. papers 1, S. 391.

WEIERSTRASS, K.: Zur Theorie der quadratischen und bilinearen Formen, Monatsber. d. Berl. Akad. 1868, mit Veränderungen abgedruckt in Ges. Werke 2, S. 19.

FROBENIUS, G.: Journal f. Mathem. 1879, **86**, S. 146; 1880, **88**, S. 96; Sitzungsber. d. Berl. Akad. 1894, S. 31.

KRONECKER, L.: Vorlesungen über Determinanten, bearbeitet von HENSEL, Leipzig 1903.

MUTH, P.: Theorie und Anwendung der Elementarteiler, Leipzig 1899.

Vgl. ferner die Darstellung in C. JORDAN, Cours d'analyse, Bd. 3, 2. Aufl., S. 173, Paris 1896.

BÔCHER, M.: Einführung in die höhere Algebra (deutsch von H. BECK), Kap. 20, Leipzig 1910.

Verlag von Julius Springer in Berlin W 9

Raum · Zeit · Materie

Vorlesungen über allgemeine Relativitätstheorie

von

Hermann Weyl

Fünfte, umgearbeitete Auflage

Mit 23 Textfiguren

1923 — GZ. 10